慢得刚刚好的生活与阅读

小 小 的 家 也 不 错

日本小住宅空间设计与收纳

（日）柳本茜　著

陈婷婷　赵粒栋　译

化学工业出版社

·北 京·

CHIISANA IE NO KURASHI

© AKANE YANAGIMOTO 2017

Originally published in Japan in 2017 by X-Knowledge Co., Ltd.

Chinese (in simplified character only) translation rights arranged with

X-Knowledge Co., Ltd. TOKYO,

through g-Agency Co., Ltd, TOKYO.

本书中文简体字版由 X-Knowledge Co., Ltd. 经北京天潞诚图书有限公司授权化学工业出版社独家出版发行。

本版本仅限在中国内地（大陆）销售，不得销往其他国家或地区。未经许可，不得以任何方式复制或抄袭本书的任何部分，违者必究。

北京市版权局著作权合同登记号：01-2020-2624

图书在版编目（CIP）数据

小小的家也不错：日本小住宅空间设计与收纳 /
（日）柳本茜著；陈婷婷，赵粒栋译．—北京：化学工业出版社，2020.6

ISBN 978-7-122-36487-6

Ⅰ．①小… Ⅱ．①柳…②陈…③赵… Ⅲ．①住宅—室内装饰设计Ⅳ．① TU241

中国版本图书馆 CIP 数据核字（2020）第 046915 号

责任编辑：王丽丽　张　曼　　　　　　　装帧设计：梁　潇
责任校对：杜杏然

出版发行：化学工业出版社（北京市东城区青年湖南街13号　邮政编码 100011）
印　　装：北京瑞禾彩色印刷有限公司
710mm×1000mm　1/16　印张 11¾　字数 200千字　2020年8月北京第1版第1次印刷

购书咨询：010-64518888　　　　　　　　售后服务：010-64518899
网　　址：http://www.cip.com.cn
凡购买本书，如有缺损质量问题，本社销售中心负责调换。

定　价：58.00元　　　　　　　　　　　　　　　　版权所有　违者必究

家是生活的容器

自　序

我特别喜欢在家里度过悠闲的时光。

悠闲、轻松、自在地度过一整天。

无论是一个人，还是和老公一起，都是如此。

我们现在生活在一个 30 平方米的一居室公寓里。

夫妇二人都工作。顺便说一下，我们还养了一只小猫咪。

或许有人会觉得不可思议，每天那么忙碌，

在这么狭小的家里面真的能得到放松吗？

我们结婚 14 年了。

到目前为止住过 6 个地方，

我们应该是属于搬家比较多的那类人。

但是，现在生活的小居室，

与之前住过的所有房间相比是最狭小的，却是最轻松自在的。

这是因为房间狭小，所以我们只留下了所需的东西。

打扫卫生也轻松，做饭也方便。

而且能够近距离感受到家人的气息，所以有一种安全感。

有这么一个词，"知足"。

就是知道满足的意思。对于日常生活来说，

大概就是适合自己、比较合身的意思。

这个狭小的家对于我们来说就"知足"了。

大小刚刚好。

也许有的人会觉得，那么狭窄还要两个人一起生活……

不过读完这本书之后，您可能会觉得这么小的家也不错。

如果您的生活是适合您的，

那么每天都会变得轻松，

生活会变得更加悠闲自在。

目　录

第 **3** 章 **让生活清爽美好的小家收纳术 | 061**

第 5 章 轻松维持整洁的卫浴空间 | 149

第 **1** 章

小居室生活，

是一种不浪费的、

只和自己喜欢的物品在一起的

居住方式。

小小的家也不错

住在小房子里，
只和喜欢的一切在一起

什么样的衣服适合自己？什么样的生活更加舒适？我觉得，了解这一点的人才能被称作"成年人"。正因为是这样的"成年人"，所以我才要推荐小居室生活。

我所谓的小居室生活，并不是指在空间狭窄又不方便的住所中，舍弃一些物品或者放弃自己的兴趣爱好，委屈地生活。而是指因为居室小，生活更加轻松舒适，特别是对于生活方式已经固定了的成年人来说，是一种不浪费的、只和自己喜欢的物品在一起的居住方式。

比如，我家变小之后，厨房也自然而然变得紧凑了。于是老公在不知不觉中开始参与烹饪了。我问了他理由，原来是因为以前比较宽敞的时候，有各种锅和食材，总需要考虑到底该用哪一个，最后就望而却步了。可是，房间变得狭小之后，烹饪用具也减少了——只有一口锅，调味料也只放了必需要用的，所以可以不必犹豫，更轻松地做菜。对于我自己来说，像"我想让你用那边那个平底锅"或者"明明还有没用完的酱油却……"这类让人感到有压力的事情明显减少了。

房间打扫也变得非常简单了。平时打扫的话，只需要5分钟就可以把整个房间都打扫一遍。就算是年末大扫除，夫妻两人一起去做，用不了2个小时就完成了。

因此，我觉得，小居室会让居住者的心情更加轻快，生活更加积极。

狭小空间也能
舒适生活的法则

悠闲自在的同时可以
坚持自我爱好

现在的住所约有 30 平方米，是一个租赁公寓。搬家之前住的是两层独栋建筑，所以将所有的东西全部搬进来是不可能的。虽然如此，但是如果随意删减，又无法实现我们所追求的"悠闲轻松感"。因此，我们想了以下三个诀窍。

首先，即使狭窄也必须保留那些能为生活提供方便的物品。当然，收纳空间毕竟有限，所以需要把每一件物品的尺寸尽量缩小，从而确保种类齐全。调味料、化妆品选择能尽快用完的大小，菜刀也替换成小型刀，这样就可以放置所有必需品了。

其次，要迎合自己的个性。我和我老公都有各自的兴趣爱好以及觉得珍贵的物品。虽然这些不是每天都使用的，但还是给它们保留放置的空间。

最后，虽然房间狭小，我们还是划分了各自的"阵地"。在小居室的家庭中安稳地生活，不仅仅是共同生活，还应有自我的空间，这可以给予我们精神上的安全感。

正因为有这三点，我们才能够在狭窄的空间内生活得舒适自在。

将物品换为小尺寸

即使空间狭小也能拥有必要的物品

将所用工具重新选择替换成小尺寸，就可以将它们收纳进有限的空间里了。无须减少物品数量，也能在小空间内拥有必要物品。

即使空间狭小
也能拥有必要的物品

在比较狭窄的屋子里生活，会经常需要抛弃一些东西或者选择根本不买。不过，只要将每种物品的尺寸尽量减小，这就不是什么大问题了。不减少数量，空间却能显得比较大。

文具

在家我也使用便于携带的文具。使用频率虽然很高，但也差不多只用来切开塑封或者在去除商标时使用，所以这样的大小就足够了。

打扫工具

寻找一些小规格工具，并按照完全不同的方法来使用。比如，清洗手指、指甲的"指甲刷"被我用作浴室地板刷。

化妆品

我比较喜欢用旅行专用尺寸的化妆品。我使用最基本的化妆品，刷子和睫毛夹都是小尺寸的。如果想根据肤质的变化和季节变化来更替现在使用的化妆品，也完全没有问题。

以厨房用具为例。普通刮勺的尺寸是 30 厘米，但是我现在使用的是 20 厘米。V 形夹子也只有 12 厘米。这样一来，即使很小的厨房抽屉也完全能够把需要的东西收纳进去了。

再来说一说化妆品。旅行用化妆水的尺寸高约 10 厘米。保湿乳、唇彩等护理用品都统一放在洗脸盆的镜柜里面。

调味料

因为收纳场所的问题，小尺寸的好处就在于能够快速并趁着新鲜使用完这些物品。山椒、小茴香、鱼露等，我家喜欢的调味料都一应俱全了。

厨房用具

不用菜刀而选用小型刀，炒菜时使用饭勺尺寸的铲子，滤酱筛子也使用竹制筛。

从想做的事开始倒过来算

家虽然狭小却能让身心放松

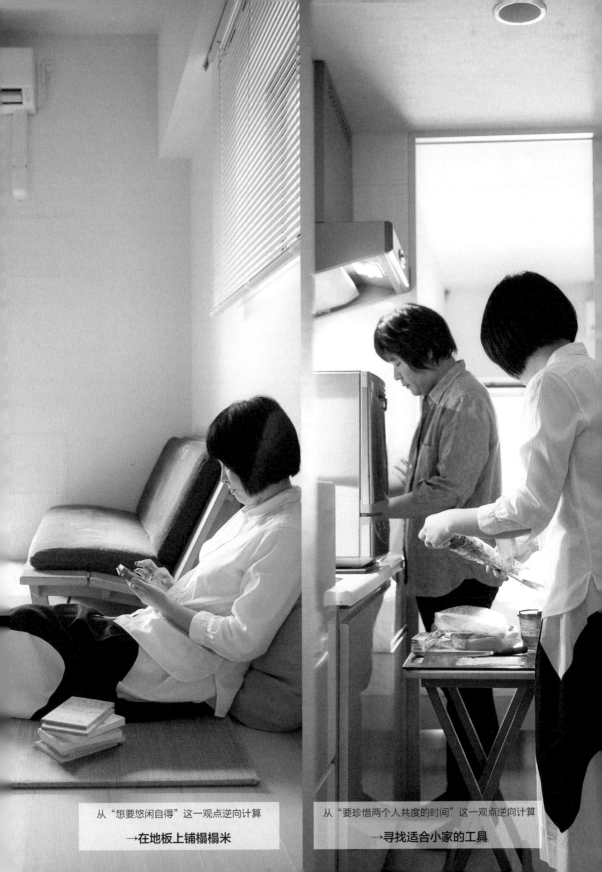

从"想要悠闲自得"这一观点逆向计算

→在地板上铺榻榻米

从"要珍惜两个人共度的时间"这一观点逆向计算

→寻找适合小家的工具

为了在狭窄的空间内生活得更加自在，就必须从"想做的事"及"对自己来说重要的事"开始，确定其所在场所。

　　想要回到家就能松一口气，打造一个适合自己的房间就显得尤为重要。因此，我家在选择物品、收纳空间时都是从"想做的事情"开始倒过来算。先确保"想要这样做"时所需要的东西，然后再决定其他的东西。

　　比如，我们最想要的就是"悠闲自得"，因此就铺了席子，可以尽情地伸开腿，宽敞又舒适。木地板房间通常会铺小垫子或者餐厅套具，但是像这样铺上席子会让人感觉更加宽敞、开放。

　　比起"通常会这样"这种常识性的想法，我们可以优先考虑自己最想做什么，然后倒过来算这样做需要些什么，才可以在狭窄的空间内打造让人身心放松的家。

从"想保持兴趣爱好"这一观点逆向计算
→兴趣爱好收纳在壁橱里

法则

3

确保各自的阵地

能够享受个人时光

正因为家比较小，所以保障各自的隐私尤为重要。虽然狭小，但是只要有了自己的阵地，就能让人安心放松。

我家客厅和卧室是同一个房间，连在一起的。要想在狭窄的空间内各自都能够放松，那么属于个人的空间就非常重要了。

因此，我们在床的两侧设立了各自的空间。老公的私人空间是床边储物架的一角，我的私人空间是床边的小桌子。

另外，客厅里还放了一张大大的圆桌。两个人围坐在桌边，视线也不会重叠，因此可以做各自的事，完全不必在意对方。

像这样有了各自的领土，就会感到安心。即使两个人都在，也能够充分享受个人时间。

我的空间

床边的小桌子就是我的个人空间。上面可以放上班用的背包、手机及工作资料。冬天还可以放毛毯等，躺在床上就可以够到背包。

老公的空间

位于客厅的储物架的左上角，是老公的私人空间，在床上伸手就能够到。他经常放置手机、钥匙、睡前必读的书等物品。还有一个小小的地球仪和钟表也归老公管理。

储物

浴室　玄关

走廊

洗脸室

冰箱

洗衣机

步入式衣橱　卫生间　厨房

LDK[1]（约 10.5 张榻榻米）

阳台

我家的房间布局

东京都租赁公寓内的家庭生活。

总面积约 30 平方米。

我所喜欢的是它良好的地理位置和
光照，还有颇具开放性的一居室房
间布局。

[1] 在日本，用"LDK"来表示房屋的格局，"L"代表
起居室（Living Room），"D"代表餐厅（Dinning
Room），"K"代表厨房（Kitchen）。因此"LDK"
就代表一间起居室 + 一间餐厅 + 一间厨房，即一室
一厅。（编者注）

第 2 章

2

在家里舒适地度过，真的和宽敞程
度有关系吗？

我觉得并不全然如此。

接下来，我将为大家介绍在小家中
打造轻松安稳的生活的方法。

打造让人身心
放松的家

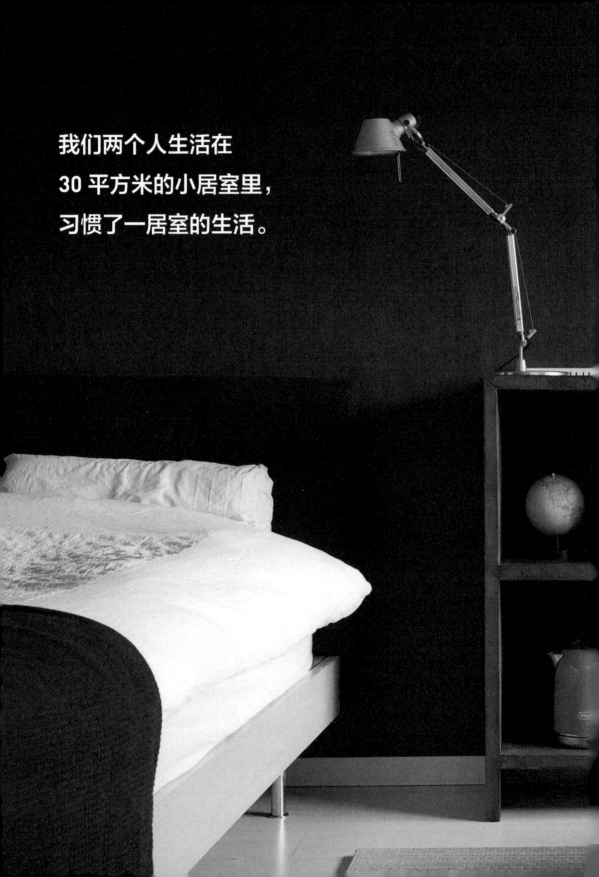

我们两个人生活在
30 平方米的小居室里，
习惯了一居室的生活。

30 平方米的一居室，同时要兼具客厅、卧室和餐厅的功能，再加上桌子、沙发、床和储物架等，这就是我家的全部了。虽然有很多人都吃惊"夫妻二人生活只有这些"，但我们的确生活得非常轻松舒适。

会不会无法平静？ 答案是不会的。对我来说，能够随时感知对方的状况，比对方待在自己的房间完全不知道他在干什么能让我更为安心。对话也很自然地增多了，对于聚少离多的双职工家庭来说，能够分享的话题不断增多也是一件幸福的事。

房间里可以只放置自己喜欢的物品。我认为，正因为房间比较小，人与人、人与物品的距离才变得更近了，让人更安心。

客厅虽小但能让人身心放松

舒适程度并不是和宽敞程度成正比的。比如茶室，用简单的陈设装饰起来的空间可以让人身心放松，一起喝茶的人也能够亲密地谈话。再比如旅行时的旅店，在离大厅不远的地方设置一个读书室，那么每个人都能沉浸在自己的时间里，放松自己。

要让身心放松，重要的是选择刚好让人有安心感的宽窄程度，以及每个角落的整齐协调。如果是夫妇二人生活，我觉得两个人在家却不感觉拥挤，还能互相享受对方喜欢的家具和杂货，这才是身心放松的源泉所在。

在我家，坐在沙发上就能看到家里的全部了。正面的储物架上放着使用了很多年的咖啡用具和茶具，左侧排列着我们俩都感兴趣的书籍。手边，就是整齐干净的床。我斜靠在墙上看着电视，老公坐在沙发上看书。不经意间，小猫咪就趴在中间，这一刻让我感觉非常幸福。

太过宽敞的房间，总是让我坐立不安。好像是空间太富余了吧。虽然物品放置场所和收纳场所增加了，但总感觉喜欢的东西反而被埋在底下了。另外，如果房间比较宽敞，也不容易搞卫生。我觉得这样的宽窄，刚好能让人毫无压力地保持愉快的心情。

"整洁雅致"这个词，意思是小却归纳得很好。用这个词来形容我家非常合适。的确，这是一个能让人平静的场所。

沙发边上是我喜欢的放松场所之一。白天，柔和的阳光照射进来，不用开灯就很舒服。坐在地板上也能让人心情愉悦，好像身体的节奏和心情都放缓了。

让人感到悠闲的室内装饰

在房间里也想过得更加悠闲，因此，客厅里自然就放置了许多让人心情放松的东西。

比如，小小的地球仪。它是我们的伙伴，让我们沉浸在对旅行的幻想之中，或者在新闻里听到了比较在意的国家名称，我就和老公一起转动它寻找。如果是各自在手机上检索，那么难免会让人觉得无聊寂寞。而如果使用地球仪，气氛就会在瞬间美好起来。"没想到这个国家离我们还挺近的嘛……"像这样不假思索地各抒己见，就能产生不少新的对话。

另外，封面比较漂亮的书和充满回忆的写真集等，都非常适合用来放松心情。我家放置着许多手掌大小的冰激凌写真集，还有以前饲养小猫时的便携式影集等。

另外，让人意识到时间、日程安排等的物品，总会让人慌慌张张的，所以我特意花了些功夫让它不那么显眼。比如，钟表、日历。我将它们放在从沙发上看不到的地方，或是放在客厅以外的其他场所。

不放在客厅，
尽量让其不那么显眼

日历

如果日程安排随处可见，那么无论如何心情都无法放松。只需早晚装束自己时能看到它就足够了，所以我把日历贴在洗脸处的墙上。

钟表

"MUJI"（无印良品）的小闹钟是我家唯一的钟表。我把它放在储物架的里面，坐在沙发上如果不伸长脖子看是看不到的。

地球仪

直径 13 厘米的"昭和厚纸制"小地球仪。
是从朋友送给我们的礼物中选出来的。

让两个人都心情舒畅的家居好物

结婚之前，我住在设计师公寓里，家里摆放着纯白年轮设计的家具。但是老公却喜欢日式家庭风。什么样的房间才能让双方都觉得心情舒畅呢？充分考虑之后，我们选择了和洋折中的风格，也就是在西式房间的一角铺了榻榻米。

我之前的生活都是用桌子、椅子，但是坐在榻榻米上伸伸腿或者躺一会儿，感觉全身都放松下来了。从那时开始，无论家如何改变，我们都一直用榻榻米。

榻榻米作为一种可坐可躺的铺用家具被人们所熟知。"席地而坐"就不用说了，"睡在席上"的舒适程度不用说也能实际感受得到。

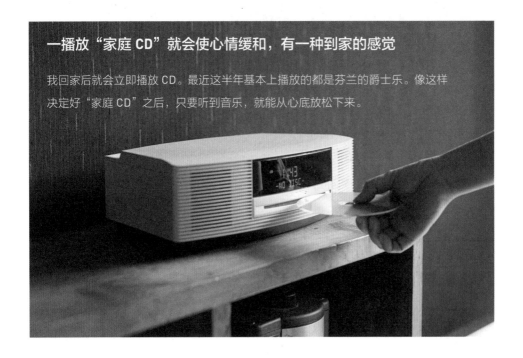

一播放"家庭 CD"就会使心情缓和，有一种到家的感觉

我回家后就会立即播放 CD。最近这半年基本上播放的都是芬兰的爵士乐。像这样决定好"家庭 CD"之后，只要听到音乐，就能从心底放松下来。

睡着舒服的榻榻米

在木地板上铺上榻榻米，就可以很简单地将西式房间改变为和室了。
我家用了九张"吉田·店"的 82 厘米 ×82 厘米无边榻榻米。因为
是正方形，所以可以根据房间来设计放置方法。另外，也因为它很
薄，所以搬家时也非常方便。

最好还是要有电视报纸

虽然网络非常方便，但是只能看到自己想知道的信息。然而，电视和报纸对于我们来说是被动性的。因为重大新闻会毫无遗漏地播放，这样就能够让我们知道现在什么是最重要的。不因个人的价值观而发生偏离，客观地捕捉当前信息，我认为电视和报纸就是这种重要的工具。

咖啡相关事宜交给老公

我家的茶由我负责，咖啡由老公负责。咖啡豆的购入、管理都全权交给他。

各自承担自己擅长的部分，家里的工作也会更加有乐趣。

特意选择大尺寸的床和桌子

床我选择了 Queen Size，桌子选择了直径约 1.6 米的。这些在普通的房子里也是非常有存在感的尺寸了，但我还是特意选择了这个大小。

大大的桌子，能被用于各种各样的用途。它可以当餐桌、电脑桌，甚至还可以作为缝纫机台来使用。因此，就没必要单独购置客厅桌、工作用书桌、餐桌等了。另外，我和老公即使同时做各自的事情，视线也不会重叠，因此完全不必在意。

对于床，我们选择了可以让睡眠更舒适的大尺寸。虽说房间比较小，但是我并不想放弃那些可以使人放松舒适的东西。

因为桌子是圆形的，所以无论坐在哪里，彼此的视线都不会重叠。比较有益于专注于做各自手上的事情。

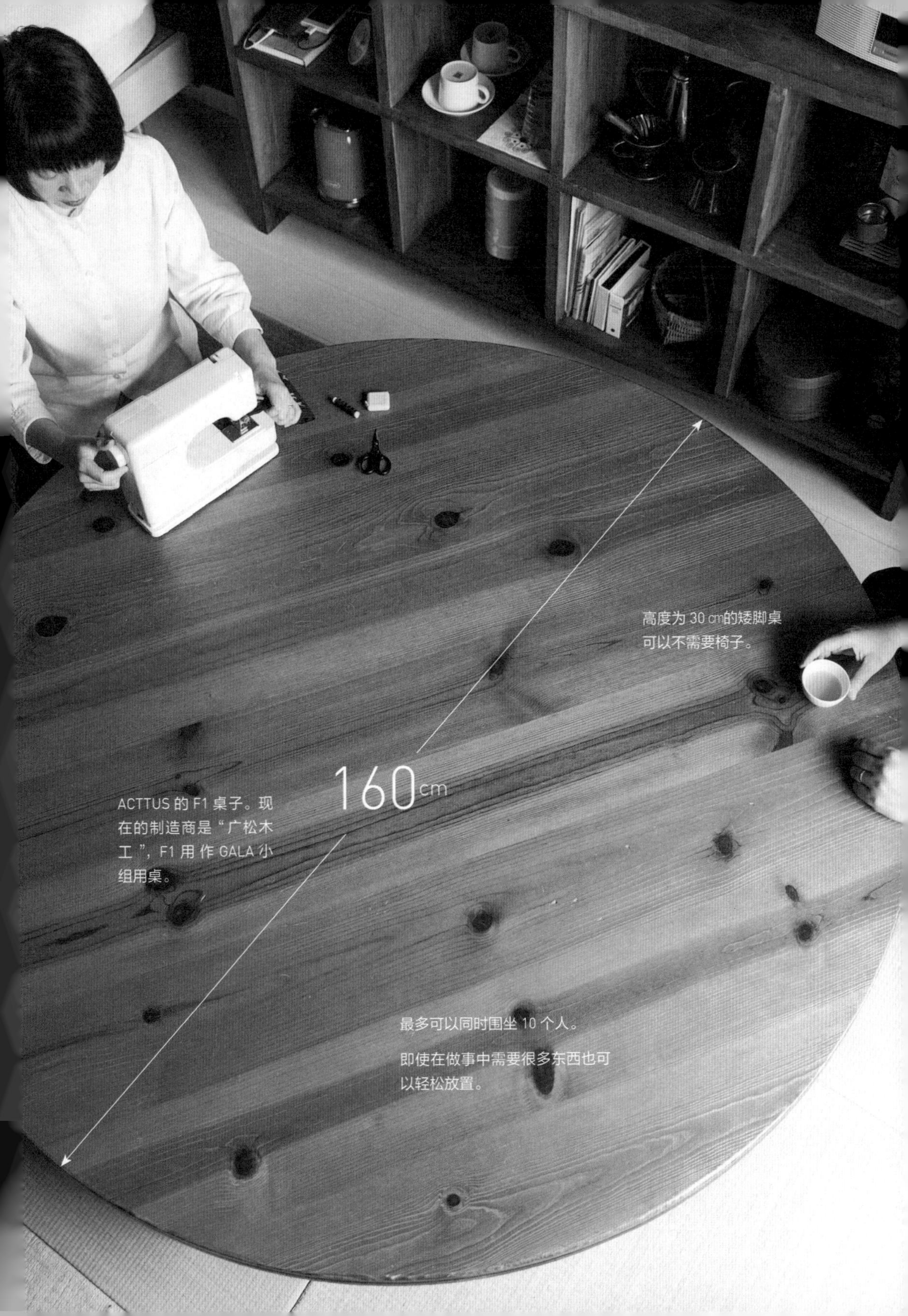

高度为 30 cm 的矮脚桌
可以不需要椅子。

160㎝

ACTTUS 的 F1 桌子。现
在的制造商是"广松木
工"，F1 用作 GALA 小
组用桌。

最多可以同时围坐 10 个人。

即使在做事中需要很多东西也可
以轻松放置。

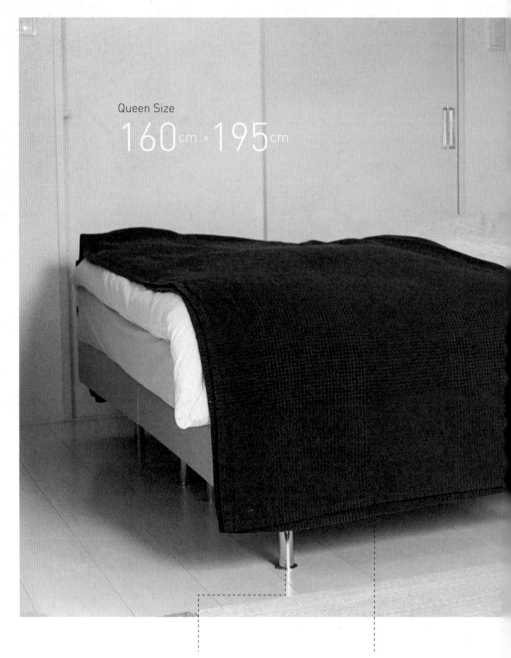

Queen Size
160㎝ × 195㎝

带有垫脚可以拔高空间，房间整
体不会感到有压迫感。

床罩折叠至一半，铺在被子上，
会给人有一种酒店的高级感。

被子类也选择简单
款，会给人清爽感。

不积累压力的舒适睡眠

床的类型有很多

我家用的是这种床
床两张，被子一床

好莱坞式双人床
床两张，被子两床

分离床
床两张，中间夹床头柜等

被褥都分开

因为我家是双职工家庭，所以就寝时间和起床时间经常不一致。带有时间差的起床、翻身的波动，经常会导致两人在半夜醒来或者是睡眠变浅，无法保证充足睡眠。因此，我们选择了允许范围内的分离床。

现在使用的是两张单人床。并列在一起的尺寸就和 Quenn Size 的床几乎相同，一张床宽约 80 厘米，比普通单人床稍小一点。最主要的就是，床垫是分开的，与两个人睡在一张 Queen Size 床上的舒适度是完全不同的。

另外，被子里面的毛巾毯也是各自分开的。老公比较怕热，只盖毛巾毯。怕冷的我则会根据季节变化，有的时候还会在毛巾毯上面再加一个毛毯。这样，我们俩就可以根据各自的喜好来调节，不会造成压力的累积。

最上面的被子是共用的。这样可以使开放式的一室房间看上去更加整洁。为了不影响睡眠，一定要选择比较大尺寸的床品。

两张"in The ROOM"的偏窄单人床也被称为半单人床、
SS 尺寸小床。比普通单人床稍小一点。

枕头和被罩选择相
同的设计，看上去
更加整洁。

床垫也是分开的。
可以不用在意对方
的翻身等动作。

毛巾毯是分开的，
可根据各自的冷热进行调整。

最上面的被子是共用的。
只需要整理四角，就可以
完成"床体美容"。

床边就是"我的房间"

这边是我的房间，那边是老公的房间。也许有人会想："嗯？在哪儿？"其实就是把各自床边的一角当作个人空间（也是房间）来使用。

当然，将两个人的手机、钥匙、书籍等统一放在玄关或者客厅也是一种方法，但是即使是夫妻，也有不想让对方触及的比较隐私的东西。我们认为，无论多狭小，都要创造出属于个人的空间，这样会比较有安全感。而且，有时候会有"这里乱一点也没关系"这种有点偷懒的想法，也与心灵的放松有着一定的关系。

之前我们也各自拥有过个人房间，但是房间总是像仓库一样塞满了很多杂物，老公说那样反而无法平静下来，就开始在客厅进行电脑作业。老公还说，与其不知道对方在干什么，还不如随时感知到对方的情形更能让人平静。原来，对于我们来说，个人房间并不是必需的。

现在我们各自的"房间"虽然没有门，是开放的空间，但是打扫的工作和物品位置的变更都交给我们自己。所以那就是我们"自己的房间"。

放置古董桌的一个角落是"我的房间"。因为可以把东西靠在墙上，这样一来就能意外地摆放很多东西。里面是藤制的油灯，还用作床头阅读灯。

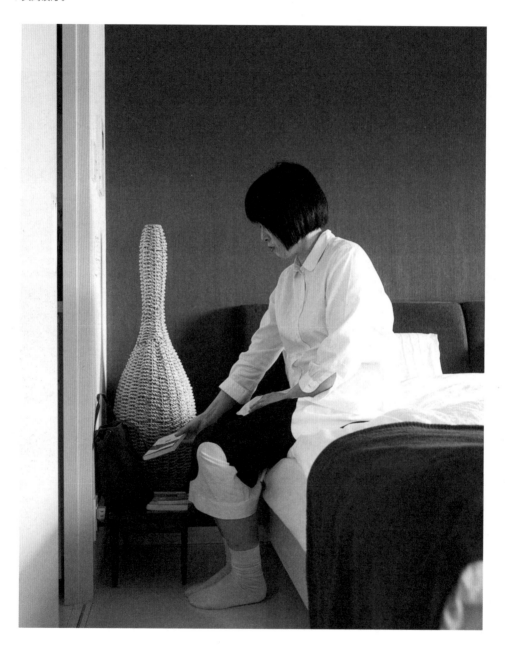

客厅储物架左上角的一部分是"老公的房间"。这是一个在床上伸手就能够到的位置,所以他躺着也能确认邮件,放钥匙、笔等东西。等到出门的时候,可以一齐把它们装进背包里。

用灯具照明做每个空间的间隔

因为是一居室，客厅和卧室融为一体，所以再放上架子、屏风之后就会让人感觉更狭窄。因此，我们不使用工具，而采用灯具照明做每个空间的间隔。

在天花板上有一个比较大的吊灯，还有两个比较小的聚光灯。晚上想让房间整体都明亮一点的话可以开大吊灯，而小聚光灯可以像单独房间电灯一样，将每个不同空间照亮。比如，在沙发上看书的时候，只打开沙发侧的电灯。在床上打盹的时候，只打开床侧的电灯。而且它们可以用遥控器随意切换。

我和老公在房间不同的地方时，可以用两个小聚光灯来照亮各自所在空间。

因为灯光照射方向不同，所以会让人感觉处在不同的空间中。只用光效就能实现空间间隔了。

除了天花板上的灯，房间里还另外放置了一个台灯。在桌子上进行作业、在储物架上泡咖啡、在床上读书的时候，只要转动台灯灯头，就能够进行集中照明。要想把手边照得更亮，就会与天花板上的小聚光灯形成叠加的效果。

如果在房间的正中央放置家具，就会阻挡视线，看上去也会给人一种压迫感。因此，特别想把这种方法推荐给住在面积小的房间的人使用，既不会浪费空间，又能够形成视线空间间隔。

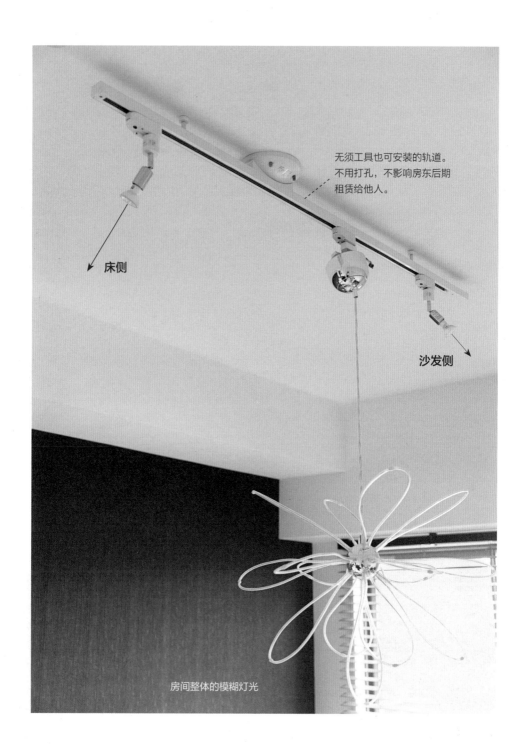

无须工具也可安装的轨道。
不用打孔，不影响房东后期
租赁给他人。

床侧

沙发侧

房间整体的模糊灯光

照亮老公的空间

IKEA 的蜡烛 CLIMMA

刚好能放进茶托凹处的尺寸，用
起来非常方便。
我经常在桌子上摆放几个。

把电灯调至蜡烛的亮度为好

　　每当看到蜡烛的烛光，心情都会变得柔和。据说是因为烛光的晃
动方式与随风摆动的树木、闪烁的群星一样，而且烛光的颜色也与夕
阳类似，所以能让人感觉到温暖并放松下来。

　　因此，我在选择灯泡时也会特意寻找相同亮度和颜色的电灯。虽
然无法进行详细的对比，但是 15W 的白炽灯似乎与一盏蜡烛的明亮
程度接近。在北欧，人们平时都会使用蜡烛，大概就是因为它能营造
出温暖的气氛吧。

40W 爱迪生灯泡

像蜡烛的火焰一样美丽。

25W 迷你球形灯泡

即使瓦数相同，灯泡大小不同，
亮度也会不同。

40W 卤素灯

狭角处用的小聚光灯。

10W 迷你电灯

非常小，最适合间接照明。

两个人拣选物品时不能缺少"分数表"

在选择房间、家具等大型物件时，我家一定会制作一张"分数表"。因为这是两个人在租公寓时就养成的习惯。可以说，"分数表"的历史就是我家的历史。

制作方法非常简单：针对想要买的东西，列举想要对比的项目，一边商量一边制定相应分数，最终选择各项目合计点数最高的东西。

好处就是，在决定比较项目的阶段时就能够清晰彼此选择的基准，因为"在选择时重视哪方面"会直接反映到分数表上。还有一点比较好的就是，比较结果会以数值的方式呈现，更能让人客观地看到。当然，最重要的是"一起斟酌"的这个过程。

在租这个房子的时候我们也制作了分数表。当时，对于候选的三个房子，都按照上班路线、租金、建筑年限、设备等项目制定了分数。起初，原本是另外一个房子的分数最高的，但是在回顾为什么它的分数第一时发现，通勤路径会经过一个隘口。再三调查之后，现在的这个房子瞬间超越了原本分数第一的房子。像这样绝对不想选错的时候，分数表总是帮我们做出正确的决定。

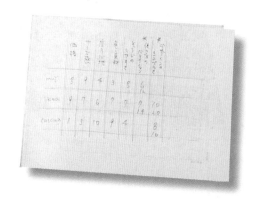

分数表的制作方法

1	制作表格，横向可以写想要调查物品的几个选项，纵向可以写对比的项目。 有 3~4 个选项会更加容易对比。
2	列举出价格、设计等 5~6 个想要研究的项目，并一一打分。 满分为 10 分，一边商量一边打分。
3	其中特别重视的项目可以将分数设置为步骤 2 中所设定的分数的 2 倍，最后合计得分。并选择得分最高的一种。

用小物件装点出高雅季节感

　　虽然家里比较狭小，但我还是想通过放置花卉、活动饰品，来享受季节变迁的乐趣。这里需要注意的是，装饰场所要尽量紧凑。我选择了储物架的上方。大概就是 30 平方厘米、四方大小的位置。

　　首先，决定好主装饰物之后，考虑"白银比"的同时放置小装饰物。所说的"白银比"，就是指为了看上去更美观的纵横比例。金字塔及宫殿当中"黄金比例"比较常见，但是"白银比"是日本寺庙建筑及水墨画构图中比较喜欢的审美比例。而且这种比例也被用在纸张的尺寸上，所以只要按照笔记本或者复印用纸的纵横比例为基准进行装饰，就能让这些装饰看上去更漂亮。

❶ 正月

松枝饰物

用日本纸把红酒瓶或者果汁瓶包裹起来，插上绿松枝或者干枯松枝。

如果再系上花纸绳，就会让整体飘荡出凛然之气。

在正月，将装饰场所打扫干净，更显其清高之气。

❷ 女儿节

女儿节道具和日式点心

即使没有女儿节人偶，也可以用雪洞灯或者笔筒等道具来装饰。

在涂红小碟子或者红色绘画的小酒盅里，放进日式点心就可以用作装饰。

摆放为正方形，更显可爱。

❸ 初夏

紫阳花

大胆地将大朵的紫阳花的茎部剪短，然后放入较深的钵里面。

有意识地将其摆放为三角形，会更加漂亮。

如果将颜色控制在 1~2 种，那么能更容易与房间融为一体。

❹ 秋

树木果实、落叶

在竹筐或者花瓶里插入干枯的果实，或者将捡来的落叶直接放在浅筐上面，就能够装饰出秋季风情。

如果要横着放比较大的树枝，就可以根据篮子的高度推算出它的长度。

❺ 圣诞节

西洋书和装饰线

立上一本红绿基调的 A5 尺寸的西洋书，再在书前面放少量装饰物。

装饰上迷迭香制作的圆环。

尽量将装饰物整体紧缩在横向 A4 纸面积以内的范围。

让房间清爽整洁的小心机

家庭中的日用品及家具的不合理摆放很容易带来杂乱感，如果能在家具摆放及隐藏生活感方面下一番功夫，不用删减物品也能营造出清爽感，让客厅看上去更加宽敞。

随时整理身边的物品，就是一种简单又有效的方法。

摆放物品时注意平行

在建筑用语中，将无高低平面差异、按一线对齐的状态称为"面一"。在摆放家具、家电的时候，从侧面看有凹有凸，会显得不整齐。因此，即使是比较窄的物品，也要与其他较宽物品对齐摆放。

醒目的包装是一种个人爱好

如果去掉日用品的包装可能会比较简单，但是总觉得缺少质感。只需用喜欢的纸或者布包装一下，就可以变为一种室内装饰品了。我家就是用 mina perhonen 的碎布把纸巾卷起来了。

选择没有压迫感的家具

底座比较低的沙发特别适合在狭小的房间内使用，因为它会让视线有所下降，从而让人感觉空间更加宽敞。另外，与曲线设计相比，直线设计会更好，而且没有供肘部放置的这种设计更加不会让人有压迫感。我家用的是久和屋的长椅沙发，设计简单，也能与榻榻米很好地搭配。

我新制了沙发套，但是沙发却用了很多年。

摆放物品时注意平行

醒目的包装是一种个人爱好

选择没有压迫感的家具

将零零碎碎的东西收纳在一起

　　遥控器、笔记本等文具，以及客厅里需要的各种小物品，都被我装在 jokogumo 的小篮子里。当前要用的书籍及经常要用的标签等，统一收纳在透明文件夹里。就放在显眼的位置，取用非常方便，也不会觉得凌乱。

电线等一定要极力隐藏

　　把电线及接合器隐藏起来，不但使打扫卫生变得更便利了，房间看上去也更整洁。在我家，通常会把线隐藏在家具后面或者沿着墙边走，尽量使其不显眼。IKEA 的 6 孔插座、KOPPLA 系列都比较窄，容易隐藏在缝隙里。房间装饰开始时就选择有那些能隐藏配线设计的电视柜、桌子及配线箱，也是一种捷径呢。

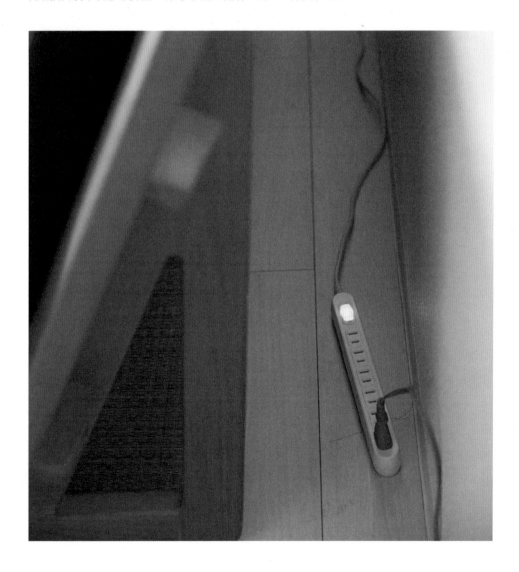

小型物品带来得心应手的舒适感

我有一个直径 5 厘米、深 3 厘米的涂漆小器皿。不对,可以说是一个小酒盅的大小。这是我结婚前一天,妈妈在举行结婚仪式的宾馆周围散步时发现它并买来送给我的。

"这种的更好用哦!"

妈妈说,比如把鱼糕切成小块后放在这个小器皿中,就是一道能待客的菜肴了。平时就餐时,只要在菜肴上放两根青葱就很好看了。它还能用来盛放日式糕点,也可以用于装饰。也就是说,有这些小的器具就能够演绎出绝佳的餐桌艺术。妈妈口中的"好用"大概就是这个意思吧。

一个人生活的时候,我总是将菜肴盛放在一个盘子里,而两个人生活开始的那天,我意识到"这才是夫妇餐桌"需要的东西。自此,妈妈送给我的这个小器皿,也成了我们购物时选择物品的尺寸标准了。

我原本就比较喜欢小的东西。小时候玩过家家的经历,大家都有过吧。从那时起,我经常收集一些小型的玩具。给喜欢做手工人偶的母亲寻找人偶专用小物件也是我的兴趣之一。另外,我爸爸年轻的时候曾经在一家杂志社工作过,所以手边总有相关的生活杂志,这也带给我一定的影响。我记得那时我看到杂志封面上有一个特集,是关于如何在小房间里舒适生活的想法建议。当我看到这个特集的时候,就憧憬过能在小居室里过舒适的生活。

重新认识"小",是在 10 年前开日本茶馆的时候。那时租借的空间也非常狭小,但是在考虑装修的时候我懂了,小家具和小器皿能比较自然地打造出我想要的空间。

　　最开始的时候，只选择看上去非常可爱的东西。但是在使用的过程中开始意识到它的实用性。渐渐地，不只是在店里，在家里也开始有意识地选择一些小型的物品了。

　　现在想来，大学时刚开始一个人生活的时候，房子里也使用了迷你尺寸的厨房用具。但当时只是单纯地觉得"因为只有一个人，所以小一点也没什么不好的"，而且有些东西到现在还在继续使用着。这些都是用起来得心应手、用惯了的工具。

　　房间的宽敞程度也是如此。结婚后住过的房子也基本上都是小型房间（比现在的稍宽敞），而且当时的宽敞程度对于我们来说足够方便了，所以从那以后就没有找过更宽敞的房子。

　　不知不觉，身边使用的东西全都变成了小型的物品。一旦习惯于这种舒适感，就会觉得不再需要大件的物品了。

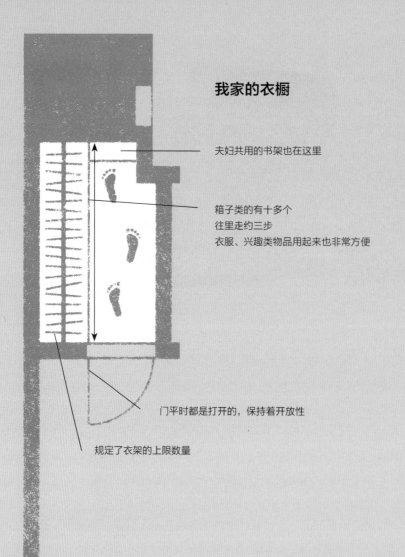

我家的衣橱

夫妇共用的书架也在这里

箱子类的有十多个
往里走约三步
衣服、兴趣类物品用起来也非常方便

门平时都是打开的,保持着开放性

规定了衣架的上限数量

我家能被称得上真正的收纳场所的，可以说只有这占地面积 1.5 平方米的衣橱了。

虽然空间比较小，但是我们夫妻二人的衣服、书籍、过去值得回忆的东西都能被收纳得很整齐。

第 3 章

让生活清爽美好的小家收纳术

适合小居室的集中收纳法

我家的步入式衣橱面积为 1.5 平方米。往里面走约三步、张开双臂就能够到两边的空间。这差不多相当于东京都市中心一个人生活平均所需的面积了。

这里几乎收纳了我们所有的生活用品。不单只是衣服、饰品、化妆用品、文具、工具箱、笔记本及缝纫机、防灾用品等，还收纳了包括不用时能立在墙边的梯子、吸尘器等，可以说除了与水相关的道具，其他所有的东西都在这里。或许有的人会觉得"是不是分散开会更好一些呢"，但是在比较小的房间里，如果每个房间都放置收纳家具，会给人一种麻烦的感觉。若将收纳场所归于一处，整个场所就会整洁干净，看上去非常整齐。我家家具物品的数量很多，但是来我家的人大多会说"东西好少"，其原因就是所有物品都被我们放在了集中收纳场所。

另外，只有一个储物场所的另一个优点就是，不用每次都反复翻找，询问"那个东西在哪儿"，而是自然而然地就能知道东西大概放在哪几个地方，也不会把笔放得到处都是。其实，现在无论是我还是我老公，都能准确回答出我家所有文具的数量。

全年都会用的物品、季节性的物品都放在这里。我觉得，即使房间狭窄也一定要专门设置一个收纳空间，并且尽量将物品全部收纳进去。这是一个让生活清爽整洁的诀窍。

再来看衣橱。为了让房间看上去更加具有开放性，衣橱的门经常开着。这样做还有一点好处——能够随时看到衣橱内部，从而可以随时整理。

每个家都要有收纳"刚需物品"的 1.5 平方米

搬家之前，我还为这个称不上宽敞的衣橱而颇为担心。然而，在真正开始居住之后，发现它能收纳进去的东西比想象中的多就放心了。相反地，如果再放进更多的东西，就会忘记那些不经常穿的衣服，以及一些小物件。我们觉得，这么大的收纳空间对于我们夫妇二人的收纳量来说足够了。

衣杆上放了 35 个上衣衣架和 8 个裤子夹。衣杆的下面放了 7 个 MUJI 的衣服箱子和 2 个纸箱。在架子上各放了一个壁柜大小的衣服箱和一个 CD 大小的抽屉，还有两个比较大的带盖子的箱子和两个收纳零碎物品的篮子。

衣服箱子放着衬衫、针织衫、包，以及披肩、装饰类物品。为了方便存取衣物，箱子总是只装 70% 左右，就是这样也能轻松放入 10 件左右的上衣，无论哪个季节都不会有任何放不下的困扰。

衣架统一为 IKEA 的 BUMERANG。即使是薄衣服也不会脱落。

选用同系列的裤子夹。夹子较紧，可以安心使用。

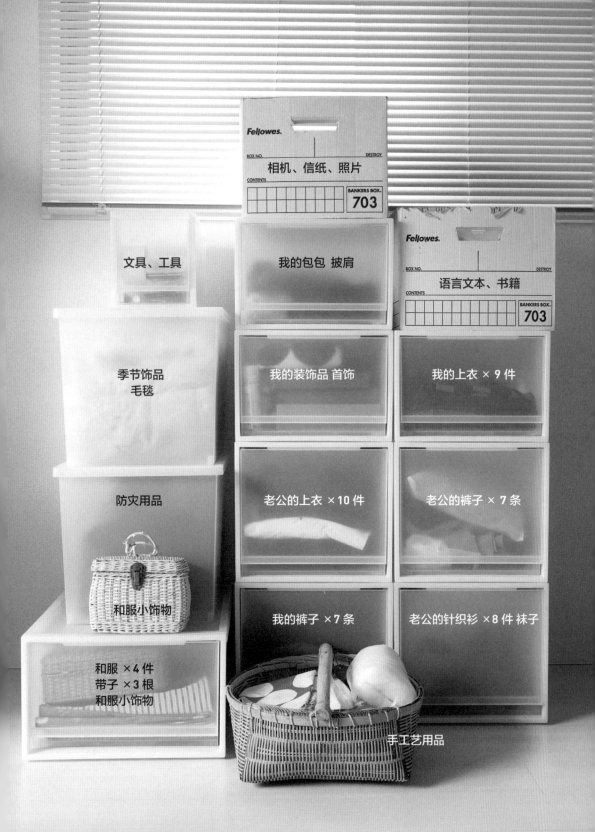

相机、信纸、照片

BOX NO.　　　　　　DESTROY

CONTENTS

BANKERS BOX.
703

文具、工具

我的包包 披肩

语言文本、书籍

BOX NO.　　　　　　DESTROY

CONTENTS

BANKERS BOX.
703

季节饰品
毛毯

我的装饰品 首饰

我的上衣 ×9 件

防灾用品

老公的上衣 ×10 件

老公的裤子 × 7 条

和服小饰物

我的裤子 ×7 条

老公的针织衫 ×8 件 袜子

和服 ×4 件
带子 ×3 根
和服小饰物

手工艺用品

先给自己最喜欢的物品找个家

人到了一定年龄，就会有一些无论如何都不想丢弃的东西和今后还要继续使用的东西。比如，喜欢的艺术家的 CD、奖励给自己的珠宝饰物等。因此，在收纳物品或者想要重新整理物品时，总是会先决定这些对于自己的人生来说非常重要的物品的位置。这样就不会发生重要的物品放不进去的情况了，而且可以把重要物品放在自己满意的地方。

对于我来说，一直喜欢的缝纫机还有感兴趣的和服就是我无法丢弃的必需品。对老公来说就是照相机，然后对于我们夫妇二人来说，书就是必需品。如果放弃了这些东西，那么一直积累保持着的自我个性又怎么能体现呢？虽然物件减少能更加整洁，但是总感觉有一种无法克制空虚的感觉。因此，与其如此，不如重新思考如何拥有它们、如何更方便地收纳它们，将会更有趣。

❶ 和服小饰物

❷ 书

❸ 信纸

❹ 缝纫机

在收纳物品或者想要重新整理物品时，先决定对于自己的人生来说非常重要的物品的位置。

信纸

我们保存了 3 年之内的新年贺卡、书信，都放在衣服箱子下面的纸箱里。箱子的盖子一直打开着，所以即使放的位置比较靠里面，拿取也很便利。

缝纫机

裙子还有桌布等都是我手工制作的。宽约 27 厘米的小型缝纫机，是我从大学时代就开始使用的，可以算是我的伙伴了。我把它放在墙边的空间里。

和服小饰物

我比较喜欢简易和服。因为平时穿得比较多，所以和普通服装一样放进衣服收纳箱后再塞进衣橱。和服小饰物都放在收纳箱里。

书

读书是我们夫妻二人共同的兴趣。一起购买想读的书，书架塞满了之后就会重新整理。仅是文库本、单行本就有170多本。普通放置小物件的架子，在我家都被当作书架来使用。

不增加衣服的总数量

你一般会在什么时候买衣服呢？在需要的时候……这自不必说，我一般在觉得"我想要"的时候就会买。因为好不容易遇到漂亮的衣服，只因为收纳空间比较小就不买实在太可惜了。如果真的想要，就果断买下吧。

不过，考虑到收纳场所有限的问题，我决定尽量不增加衣服的总数量。挂起来的衣服为与衣架数量相等 35 件为限。在买衣服之前先巡视一下，看一看是否有空着的衣架，如果没有空着的，就考虑是否要替换掉一件。

有了这个规则，就可以在有空衣架的时候毫不犹豫地买新衣服了，也可以在没有空衣架的时候重新整理衣橱。只摆放自己想穿的衣服，这样衣橱的新鲜度也有了保障，让我每天都能享受时装的乐趣。另外，衣架和箱子设有上限数，在上限数以内装得多一点也会留有一定的富余。这样，存取的时候就能避免衣服之间的摩擦，延长每一件衣服的寿命。

顺便说一下，我最近买的衣服是青年布做的衬衫。在街上看到一位穿着非常漂亮的女性，觉得她的那一身衣服特别美。当时正好衣橱里也还有空着的衣架，所以就下决心买了回来。秋天来了，穿着新衬衫外出是多么惬意的事情。

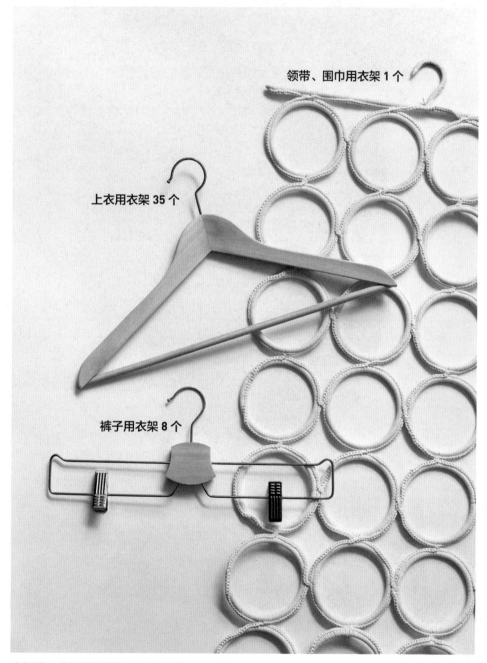

领带、围巾用衣架 1 个

上衣用衣架 35 个

裤子用衣架 8 个

衣架数＝衣橱里挂着的衣服上限数

完成使命的物品要高兴地和它告别

衣橱的收纳上限就是 35 个衣架和 7 个箱子。我们的习惯是，衣服数量即将超过这个上限时，就要开始考虑抛弃掉一些衣服。

我决定抛弃哪件衣服的准则就是看它"是否完成了使命"。比如，因某个活动而买的衣服，虽然只穿过几次，但是它已经完成了它的使命，就应该扔掉了。一件喜欢的衣服如果已经穿了很多年，开始褪色了，那也该扔掉了。还有穿着不合身的衣服，它应该也算是完成它的使命了。

儿时扔掉喜欢的鞋子、玩具的时候，总是给它们写"离别信"。现在扔掉一些东西的时候，会对它们说"谢谢"。比起不必要的执着，我更喜欢这种心情。

即使衣橱里面还有空余，但是每到季节变换的时候，我还是会定期清点服装。

把上衣、裤子分开，一件一件地考量。

护理与修理

学习长久地珍惜一件物品

我觉得比起不断地购买，不如长久珍惜一件物品更加适合成年人的生活。当抱有眷恋、小心对待事物的习惯，以及与生活融为一体的觉悟，就能使自己保持充满自我的个性，也能拥有整洁又舒适的衣橱。

护理与修理

非常喜欢的穿了 20 年的粗呢短大衣。因为麻绳已经磨断了，所以又拜托商家去重新修理了。

针织衫、羊毛衫在穿过之后我都用平野的服装刷子刷一下。竹炭、云贴片用来除臭和除湿。

手工制作更让人喜爱

只需要直线缝合就能制作的半裙，是我的必备品。

裁剪缝制是我的兴趣，我自己制作时可以凭自己的喜好选择长度、颜色和素材。

只要搭配简单的上衣，就能变得很时尚了。

最重要的就是，手工制作更加让人喜欢，穿着时更加有乐趣。

手工制作更让人喜爱

如果喜欢和服，那么不必只把它当作正式服装来穿

我从 10 年前开始就对和
服感兴趣了。

与每次有活动都需要更
换的洋装不同，和服在很多
场合都可以使用，也不会被
体形变化所左右。

如果有棉布或者是捻线
绸，通过改变和服系带或者
小装饰配饰就能使和服看起
来不一样了。

直线缝制半裙的制作方法 （一条半裙用宽 90 厘米 × 长 150 厘米的布）

1	按长度的一半剪开。
2	折叠布料时，把面叠在里面后将两侧缝合，把腰部折三折，宽度大约 3 厘米，然后缝合并留出松紧带入口。
3	选择宽度为 2.5 厘米的松紧带，剪出比自己腰围少 10 厘米的长度，把它穿过腰部，再将两端缝合。
4	下摆三折后，缝好裙子的下摆。

划分阵地，每个人管理自己的物品

衣架杆的右半部是属于我老公的，左半部是我的。衣服箱子也规定好各自所属，绝对不插手对方的阵地。

至于为什么要分清阵地，是因为自己的东西自己整理，就能够清楚掌握数量和所在位置，更易高效使用。如果连对方的物品都帮忙整理，就无法充分利用衣服和空间，很可能将不穿的衣服放得到处都是。说到底，自己才是自己物品的最佳管理者。因此，我们决定，不够用的东西、不穿的衣服等都由自己来管理。

虽然洗衣服、叠衣服都是我来做，但是我会将衬衫、内衣等不加区分地叠放在一起，所以有时会出现T恤上面放着袜子，再上面放着衬衫、内裤，再放袜子等这种情况。不过，由于之后的收纳都是自己来做，因此就不会被问"那双袜子放在哪儿"这类问题。

在挂得满满的衣架前，我和老公会针对要扔的衣服再三商量。但是最终做决定的还是我们自己，因为自己才是自己物品的"管理者"。

我的衣服 ········   ········ 老公的衣服 ········

老公的衣服

我的衣服

把让你"怦然心动"的物品放在每天可见的地方

　　打开百叶窗，就能看到毛绒公仔和小玩具等。在客厅放毛绒公仔是不是觉得很意外？已经是大人了，还放毛绒玩具，是不是有点儿幼稚？但是这些对于我来说都是宝贝。因为这些都是重要的人送给我的东西，或者是和老公一起买的充满回忆的纪念品。

　　对我来说，重要的缝纫机、和服等都可以收纳在衣橱里。但是毛绒玩具之类"只要

麂皮的婚鞋，放在白色鞋盒里，保管在木屐箱中。鞋盒中还一起放着仪式时会场宾馆送的铭牌。

看到就心情愉快"的物品，收纳在衣橱里总觉得怪可惜的。当然，也可以把它们装饰在看得见的地方，但那样一来，房间就会变得杂乱，有点儿愧对老公，所以就像这样，把它们悄悄地潜藏在百叶窗后。如果重要的东西有很多，只拣选一个就可以了。我从结婚仪式的纪念物品中挑选了一双根据婚纱定做的婚鞋，就放在木屐箱的里面。虽然曾经把它收纳到衣橱的最里面，但我还是把它移动到了容易取出的地方，这样平时就能看到它了。看到这双放在纯白盒子里的皮鞋，就会回想起结婚当天的事情，心情都变得愉悦了。

老公好像留下了一本毕业论文当作大学时代的纪念。这是当时努力的证据，也是惹人笑的宝贝。

虽然这里比较容易积灰尘，但是因为这些重要的小物件，让我更加勤恳地做卫生。清晨，在打开百叶窗后，看着阳光照射进来，这些毛绒玩具能让我内心平和。

家人共用衣橱的好处

衣橱是夫妇二人共有的空间。即使平时在一起度过的时间很少，也能在这里感受到对方的日常生活。

例如，书。其实，我们结婚的机缘就是我们喜欢同一位小说家。不仅如此，我们都喜欢书，还会不断地购买新出版的刊物。每天打扮时都会进入这个空间，里面有共用的书架。可以看到对方"买了这本书啊"，也会问"有意思吗"这样的问题，对话自然就增多了。

然后就是防灾物品。因为以前居住在乡下时有过受灾的经验，所以对我们来说防灾物品都需要备好。放置场所就选择在没有梯子我也能够到的架子前面，因为这里随时都能看到，也能让彼此头脑中都有防灾意识，并定期检查其中的物品。

衣服也是如此。看一看老公的阵地，发现"已经把半袖挂出来了"，于是我也会马上进行衣服的更替。如果将彼此的收纳房间分开，就无法互相展示和确认，也就不会有现在这样的发现和交流。其实，以前将书架分开的时候，我们还曾买过同一本书，让人哭笑不得。

家庭的事情、工作的事情、自己的事情……这个共用衣橱成了我们二人拓展共同话题的空间。

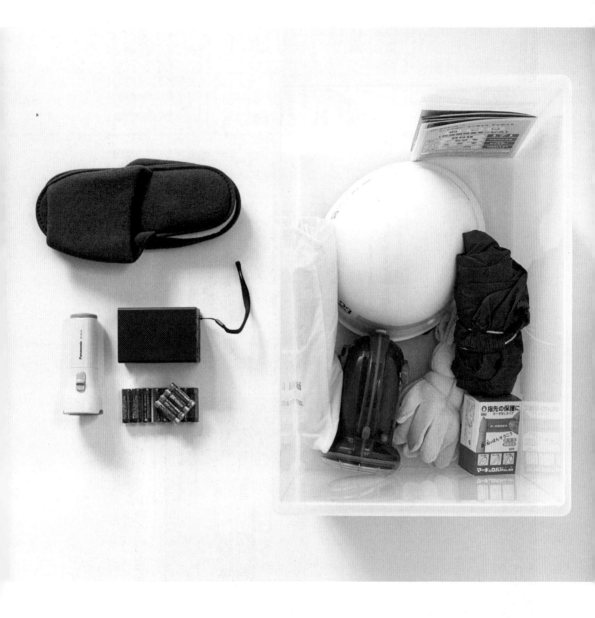

防灾用品

按照受灾后马上能用到的优先顺序来储备防灾用品。以
工作手套、收音机等实际发挥作用的东西为中心进行
储备。

共同的兴趣——书

衣橱的里面是共用的书架。书架被装满时两个人一起斟酌，然后把要丢弃的书送到旧书店去。

互相学习对方的良好习惯

通过衣橱空间的共用，就能知晓对方是如何珍惜物品的。

因为这是日常经常看得到的习惯，可以一点一点地学习。

老公→我
仔细维护

老公的鞋子从来都是仔细护理的，所以虽然经常穿却能
穿很久。据说外出前后擦皮鞋，以及在周末时进行防水
护理、打油是非常重要的。因此，虽然说不上做得非常
细致，我也开始了回家后用棉纱头擦皮鞋的习惯。

我→老公
比起数量更看重质量

质量比较好的东西，能够用得更长久。老公以前是每个
季节都会重新买衣服的，但是买了一些质量稍好的一些
衣服后发现，数量并不是必需的。这件外套今年已经是
第四年了。

方便使用才是物品收纳的原则

大部分生活用品都收纳在衣橱里面，但是有几样东西是例外的。其中一样就是"内衣"，它们的收纳场所是玄关。

或许有人会吃惊地说："把内衣放在玄关？"我家浴室的对面就是玄关，从浴室出来走几步就到了鞋箱，因此，包括内衣还有拖鞋、家居服等，放在那里比放在衣橱更方便。

我也曾想过把内衣专用架放在盥洗室，但这样一来，原本就狭窄的脱衣空间就会变得更加狭窄了。与其如此，还不如更加有效地利用空间。因此，我家就采用了这种想法。

还有一些例外。比如，熨斗放在厨房水槽的下面，伞放在洗衣机的旁边。其实只是将其收纳在电源方便、利于干燥的位置。但是有时使用场所就是收纳场所这种想法也非常奏效。

我偷看了一下老公的箱子。里面放着睡衣和内衣。而我早上经常在浴室旁边的盥洗室换衣服，所以不仅是内衣、家居服，针织衫也放在那里。

好好利用储物间

我们现在居住的公寓里，准备了一个储物间。面积约 1.5 平方米。与居室内的衣橱大小相同，它可以作为收纳正装、过季的衣服，以及季节型家电等物品的空间。

在市中心住宽敞的房间经济负担比较大，所以我觉得租一个储物间作为收纳场所也是一种很好的选择。我听说现在日本这种小规模收纳空间的租赁，以及像我家这种带有储物间的房子都在增多，就算在租金之外要额外花钱，大多数时候也还是比较划算的。

另外，干洗店的保管服务可以将过季的被子、外套等保管至下一个季节来临，配送收纳服务也可以帮助保管一个纸箱的物品。用这些服务来保管书、过去的东西等小物件也是非常方便的。

还有，对于那些现在虽然不用但是计划将来要用的家具、工具等来说，储物间也是上上之选。因为家庭物品的变动、工作需要等物品的变动，我家需要频繁地变更需储存的东西。这时，储物间真的是一种非常方便的手段。

我们也因此得出结论：如果像这样在外面拥有收纳场所，生活的房间就可以不需要太大。通过利用储物间，增加了住所的选择范围，还可以增加预算，生活在喜欢的街区。

我用一个 MUJI 的布制收纳箱作为装内衣的箱子。我和老公各有两个箱子。鞋箱及各自的箱子里面都放了云贴片、竹炭等，用来防臭除湿。

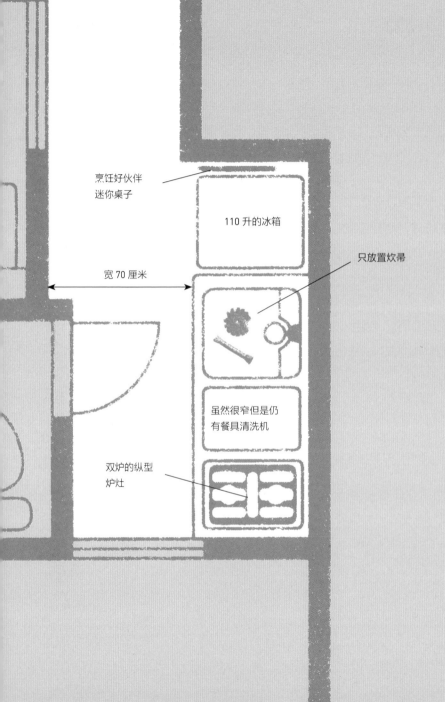

烹饪好伙伴
迷你桌子

110 升的冰箱

只放置炊帚

宽 70 厘米

虽然很窄但是仍
有餐具清洗机

双炉的纵型
炉灶

我家的厨房

我家是双职工家庭，所以两人围坐在餐桌前的日子并不多。正因为如此，在一起的时间更要舒适自在。接下来将为您介绍不浪费也不夸张的烹饪技巧。

第 4 章

小巧又好打理的
餐厨空间

每天一起用餐也是小小的幸福

我们平时在家都是一起舒适地用餐的。虽然这很理所当然，但是对于我们来说这是非常奢侈的事情。我们两个人经常是乘坐最后一趟电车回家的，所以我想两个人都在家的日子，能更轻松地用餐。

以前住在比现在宽敞的房子里时，有很多餐具。不过，经常用的也就那几样。锅、勺子等已经固定了几个比较好用的，所以在抽屉的最里面，是像杂物一样堆放着的很久没用的工具。那样的厨房总让我觉得很糟心，所以经常选择外食。

然而，在狭小的家里放不下多余的东西。餐具和工具只选必需品就足够了。食材也只买当天能吃完的量。虽然也尝试过预先做好菜肴，但是经常出现"本周必须做几天的份""还有冷冻着的必须用完"等需要思考的情况，反而让我感到很有负担。也可能是想吃的时候，做想吃的东西更符合我的性格。

即使是非常简单的菜肴也没关系。两个人一起做，然后轻松地围坐在桌子旁边。灯光和音乐都是我们喜欢的。我觉得，这才是能让彼此心情放松的进餐。

一起用餐是非常奢侈的事情。我想两个人都在家的日子，能更轻松地用餐。

做晚餐只要有 30 分钟就足够。与其因做饭
变得焦虑，还不如优先把这个时间变得放松。
有时我们还会关掉电灯，只点蜡烛来进餐。

小厨房更好用

　　我家的厨房位于连接玄关和客厅的走廊。宽约 70 厘米。在我做饭时，如果老公想通过，就只能用"螃蟹走"的姿势了。虽然有些不便，但是在生活中逐渐习惯之后，就会强烈感受到这种大小的厨房用起来最方便。

　　之所以这样说，是因为这里聚集了所有必要的工具，而且它们都在伸手就能够到的地方。比如，在水槽边做准备时，不用移动就能拿到冰箱里的蔬菜，当然也能方便地够到放有餐具的吊装橱柜、放在炉子下面的锅，以及调味料、干货等。由于不用做多余的移动，因此效率更高，还能缩短烹饪准备和收拾厨房的时间。

　　我家厨房并不是每天都做饭的。但是这样的厨房比宽敞的时候更能让人切实地感受到烹饪所带来的乐趣。

　　不仅是我，老公也开始积极地参与烹饪了。据说是因为锅、餐具的数量有限，所以不必烦恼于用哪个工具。因为之前选择工具这件事，曾给老公带来压力。一边"螃蟹走"，一边说着"看上去好好吃"，这样做出来的饭菜，我觉得其美味程度不输给任何精制的菜肴。

纵向型的双炉灶更方便

我有时候会想，做饭也是力气活呢！不过，纵向型的双灶炉灶却能帮我减轻这种负担。

它的宽度为 31 厘米。与横向型炉灶或三灶炉灶比起来，这种炉灶结构更加紧凑。想要稍微放一下盛有汤类的锅，或是还没有冷却的平底锅，挪动的工作比想象中轻松。虽说使用横向型炉灶或三灶炉灶，在移动锅时也没有多远的距离，但是要在注意腕力的同时还要左右移动身体的重心。我是在换成这种纵向型炉灶之后才意识到，原来的炉灶给身体带来的负担竟然这么大。

另外，因为使用了纵向型炉灶，所以锅的手柄和放勺子的位置就在炉灶的两侧。当两个炉灶都开着火的时候，手也可以纵向移动，从而避免了手经过火苗上方被烫到的危险。

不过，如果是租赁的房屋，一般无法重新选择炉灶的种类。如果是三灶炉灶，也可以尝试着只用上下两个炉。

炉灶生产厂家为 Rinnai。把手也在顶板上面，操作容易，这是一款有效利用空间的利器。

例如，某天的晚餐是洋葱汤和嫩煎箭鱼

1. 在面前的炉灶上炒一下做汤用的食材。今天是熏猪肉和灰树花菇。用一个珐琅锅就能完成翻炒和煮炖，非常方便。

2. 将箭鱼切为一口大小，腌渍好后裹
   上小麦粉。将 1 中炖汤的锅移动到
   里面的炉灶上，然后在面前的炉灶
   上翻炒箭鱼。

3. 将箭鱼和香菜盛在盘子里，浇上鱼
   露。向 1 中炖汤的锅内加入清汤、
   水、油炸洋葱后开火，加盐调味
   即可。

应对狭窄的助手——折叠桌子

每当开始做饭的时候，首先从冰箱的边上取出折叠桌，"咔嚓"一声打开放好。桌面只有 A3 尺寸的折叠桌，我们把它当作操作台来使用。

这是因为，在水槽边上放了一个餐具清洗机，所以这张桌子就是切菜和放东西的必备场所。换句话说，即使是在比较狭窄的厨房里，只要有了折叠桌就可以放置餐具，并且毫无任何不便。而且还可以根据需要把它移动到水槽一侧或者靠近炉灶的地方，非常灵活。这是我家厨房不可或缺的伙伴。

这张桌子已经买了 20 多年了。之前我一个人生活的时候，这张桌子是被用来放电磁炉的。它和电脑桌差不多大小，所以如今应该可以在办公家具店找到。

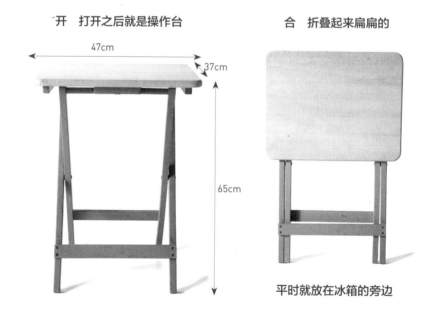

开　打开之后就是操作台

47cm

37cm

65cm

合　折叠起来扁扁的

平时就放在冰箱的旁边

虽然尺寸不大，但是放置材料足够了。此外，由于它的高度刚好到腰间，因此手臂自然伸展就能放置或者移动物品，真的很轻松。

万能的珐琅锅可以做一切美食

18 厘米的珐琅锅，可以用来煮菜、炒菜甚至是做米饭，因此最适合在小厨房使用了。现在它是我家唯一的锅。

我为什么会这样做呢？主要是我家吃面包比较多，如果为了偶尔才会做的米饭放置一个电饭锅，就有点儿可惜了。于是，我试着用珐琅锅泡米，然后加热沸腾之后小火继续煮 10 分钟，熄火之后再焖一下，米饭就完成了。比想象中简单得多，让不擅长料理的我都能很安心地放弃电饭锅了。

两个人的时候用一合米 ①、配盖浇饭的时候用一合半米，一个人吃饭用半合米，刚好能够吃完。小剂量用具也是够用的，所以我们不用一合，而是在合羽桥买了半合的量具。

在想吃的时候做想吃的饭菜，更适合我们现在的生活。而且刚刚做出来的饭菜也比长期存放的饭菜更加好吃哦！

① 合，计量单位。10 合为 1 升。（编者注）

小巧而方便的半合

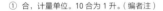

朋友们作为结婚纪念物送给我的单手柄珐琅锅。老公
也觉得很好用，所以在我家被使用了很多年。

采购最小单位的食材，一次性用完

　　每次只购买能够一次性吃完的分量。不仅是因为保存空间有限，而且一次用完毫不浪费也能让我心情舒畅。

　　因此，我都是以最小单位的分量（不会剩余的分量）来买东西的。比如，单个包装的蔬菜、小盒装的肉和鱼、两三片装的面包等。这些可能都是单身生活经常用到的，却刚好适合两个人一餐的量。

　　平时使用的火腿、干制鲣鱼都是切割后的小块包装，沙司、番茄酱等也是便当盒独立包装类型。每次开封时都非常新鲜，不用担心变质。我家也非常喜欢原本就很小的小番茄、球芽甘蓝等蔬菜。一盒的分量刚刚好，而且切起来方便，便于保存，还能缩短料理时间。

　　虽然并不是比较经济实惠的购买方式，但是每次为了处理剩下的蔬菜而必须做常备菜，或者看到蔬菜腐坏而心生罪恶感，就觉得辜负了来之不易的家庭时间。这样灵活运用小包装食材，能毫无心理负担地轻松生活。

每次购物的量刚好能放进一个迷你提包里。

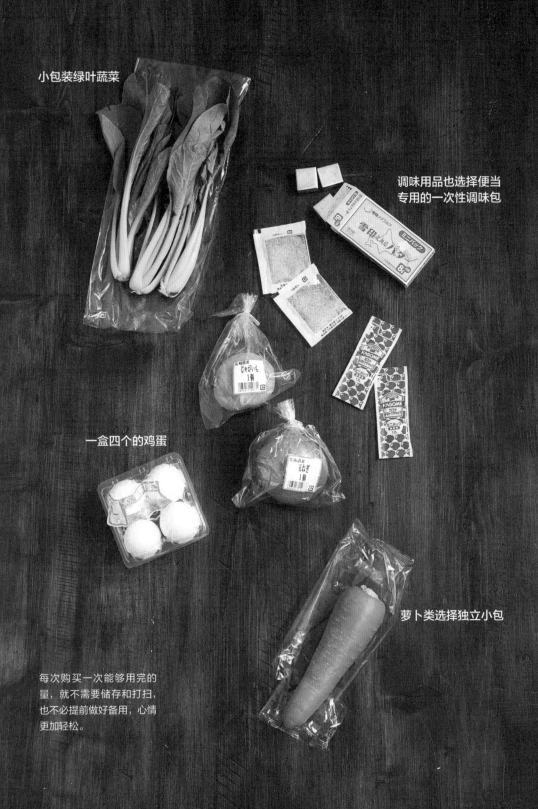

小包装绿叶蔬菜

调味用品也选择便当
专用的一次性调味包

一盒四个的鸡蛋

萝卜类选择独立小包

每次购买一次能够用完的
量，就不需要储存和打扫，
也不必提前做好备用，心情
更加轻松。

餐具：精简数量，提高品质

以前家里的餐具分平日用和招待来客用两种，它们的尺寸都不一样，所以家里有很多餐具。然而，搬到新家之后，就把之前平日所用的餐具省略掉了。之前只在特殊的日子才使用的珍贵的餐具套装变为日常餐具，让我发现餐具其实只要有这些就足够了。餐具更新之后，饭桌的氛围都焕然一新了。从那之后，我家餐具开始精简数量并提高了品质。

其中，我们最喜欢的就是可以放叉子、汤匙等的有凹槽的筷枕。看到摆设在旅店的餐具包的时候就觉得很棒，于是毫不犹豫地买了同款。按照特定位置一个一个地摆放整齐，让餐桌变得宛如纪念日时用的餐桌，人的情绪自然而然就高涨了起来。

银餐具选用的是芬兰的品牌——哈可曼。它优美的设计和光滑的质感，让即使是很简单的菜肴看上去也很有档次。

我们把所有餐具都整理到一个木藤编织篮子里。摆放的时候把它们一起放到餐桌上，使用完毕之后就连同盒子一起放进橱柜。这样一来，就不用担心找不到餐具了。

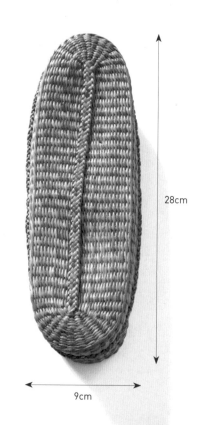

28cm

9cm

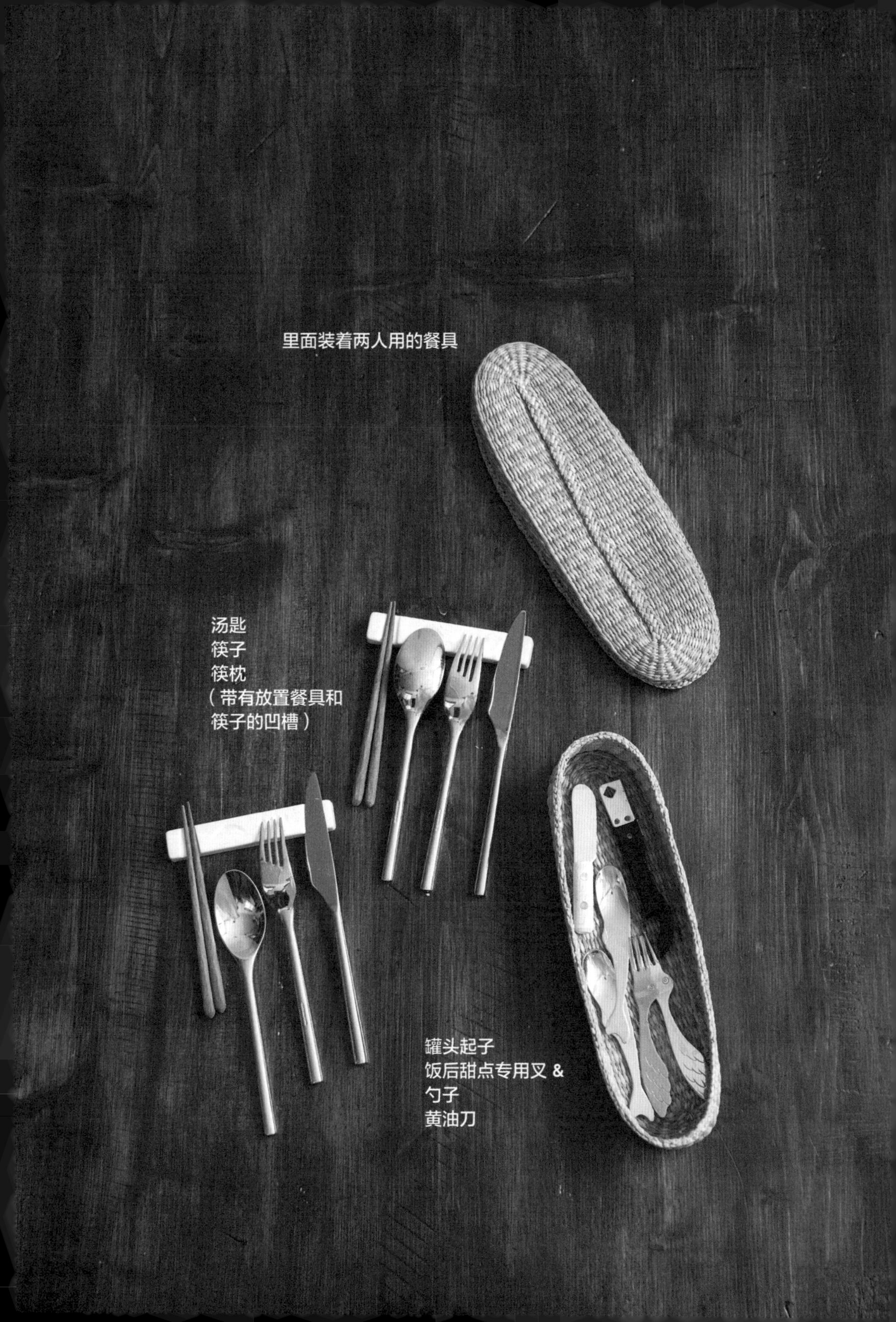

里面装着两人用的餐具

汤匙
筷子
筷枕
（带有放置餐具和
筷子的凹槽）

罐头起子
饭后甜点专用叉 &
勺子
黄油刀

家庭生活中必要的餐具

　　篮子刚刚好能够放进吊装橱柜的最上方。这里放的就是我家所有的餐具了。大、小、深、浅的各种类餐具，还备用了两位客人所需的餐具量。哪个餐具用来盛放什么，连老公都不会犹豫。而且看起来一目了然，没有其他闲置餐具，使人心情很愉快。

　　常用的白色大碗、中等容器、盘子都是 Bodum 系列的。很结实，并且可以放进

洗碗机里。其魅力就在于，设计简单，适合盛放西餐、中餐及日式料理。15 年前，当我在丹麦看到这个系列时就一见钟情了。将这套餐具放在随身行李里面带了回来，直到现在还在每天使用，这样想来当时费力带它回来真的是值了。

布菜碟子使用的是 Tognana 的蒸汽咖啡系列碟。刚好能放在手掌上的大小，厚度也非常合适，盛放菜肴的量也刚刚好是一口的量。

陶器、木制器皿等，用的都是自己喜欢的东西。因为它们能够演绎出白色餐具无法做到的温存感，所以非常庆幸在想要削减餐具数量时并没有放弃它们。

上层

我家的吊装橱柜上只放置了餐具，空间稍有富余。右侧的篮子里放着干货及罐装食品等可以长期保存的食品，左边的箱子里放着家电的使用说明书、保修证书等。

中间层

中等器皿及盘子、茶碗等，平时经常用的餐具都放在这一层。就放在手边很容易拿取的位置，最里面除了木碗没有放置任何东西，几乎是空着的。

下层

这一层放着布菜的碟子、杯子等比较小的餐具。海碗虽然比较大但比较深，所以也放在这一层。保鲜膜、餐具盒也收纳在此。

橱柜不要塞满物品。

正因为狭小，所以才更要注意易拿取和选择时的便利性。

❶ 只将相同种类的餐具进行叠放

如果将尺寸或形状不同的餐具叠放，虽然能放进去的数量不变，但是餐具会倾斜，无法保持稳定。如果限定数量并且只将相同种类的餐具叠放起来，那么在每次取餐具时就不用怕将餐具倾倒。

❷ 餐具之间保持一定间隔，更加容易取出

餐具和餐具之间保持一个拳头的间隔。不仅容易取出，而且这样井然有序地摆放，也更加让人赏心悦目。正因为一眼就能看到全部，所以老公可以快速地找到所需餐具。

❸ 把餐具放进盒子里

餐具放在藤制篮子里进行收纳。我家的餐具能够全部放进其中，所以整理及摆上餐桌时都不会出现找不到的情况，柜子上也不会显得杂乱，看上去更加整洁。

❹ 用竹炭来除臭

将具有除臭、除湿效果的竹炭放在纱布制的袋子里，放进橱柜的最里面。特别是长约 10 厘米的板状竹炭，即使空间狭窄也能方便使用。

洗碗机也可以当作一个收纳箱

或许会让人觉得不可思议——原本就狭小的房间，却要放置一个洗碗机。不过，它确实是我家的必需品，而且我也有小厨房放置洗碗机的理由。

因为洗碗机不仅可以清洗、烘干餐具，还可以当作一个绝佳的收纳空间。我家用的是宽为33厘米的小型家庭用清洗机，其中分为两层，不仅可以放进两个人所用的餐具，连锅、砧板等都可以放进去。

水槽内无须存放餐具，关上清洗机的门，厨房就变得更加整洁了。也不再需要沥水篮子。

不仅是餐后整理，在做菜时只要规定好放置的位置，就可以将刀、碟子等放在里面，工具也不会摆放得到处都是。

即用即洗可能花不了太多工夫，但有时也会觉得是一种负担。在代替沥水篮充当收纳空间的同时，顺便帮我做完了清洗干燥等工作。这样反过来想一想，也可以说是一种实用的家电。

纵向型更节省空间

进深
52cm

52cm

33cm

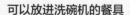

可以放进洗碗机的餐具

平底锅（直径 21 厘米，深 7.5 厘米）
平底锅锅盖
砧板（24 厘米 ×34 厘米）
料理工具（铲子、勺子、微型刀）
餐具类（勺子、叉子、筷子、筷枕各两个）

大盘子（直径 26 厘米）×2 个
中等容器（直径 15 厘米）×2 个
碗（直径 13 厘米）×2 个
布菜碟（圆形 12 厘米）×2 个
布菜碟（方形 12 厘米）×2 个
杯子 ×2 个

茶具及咖啡用具，
放在客厅而非厨房

　　旅行期间，到达旅馆后，放下行李，烧水为自己冲一杯浓香的咖啡，会让人感觉瞬间身心放松，慢慢沉静。包括冲泡的时间在内的喝咖啡和喝茶的时间，都能让人感到放松。因此，在我家，沏茶和喝咖啡的用具放在客厅而非厨房。客人来家里聊天的时候或者是一个人的时候，泡茶或喝咖啡会有不一样的体验哦。

　　再加上它们的使用和存放都在一个地方，用起来也很方便。把用具放在客厅也可以有效地避免破坏放松的时间。

包括冲泡的时间在内的喝咖啡和喝茶的时间，都能让人感到放松。

❶ 咖啡壶
在合羽桥买的 0.6 升的过滤壶

❷ 咖啡杯
ARAB-A 的 Teema 杯

❸ 分享壶
品牌 HARIO

4 滤杯
品牌 HARIO

5 茶罐
茶罐保存在冰箱里，每次只放进少量茶叶。

6 咖啡用具
Bodum 的电动粉碎机。电线收在粉碎机底部。

7 小茶壶
系贺正人制作的烧制小茶壶。

8 茶碗和茶匙
白瓷的茶碗是煎茶用的。

9 烧水壶
容量 0,75 升，品牌德龙。

选择小巧的茶具

做抹茶有一套自己的茶道，做茶壶煎茶也有一套自己的程序。它所用的道具都非常小巧。刚好能拿在手里的小茶壶、像小酒盅一样的茶杯等，简直就像过家家时使用的道具。

然而，这些都是合乎道理的。煎茶，就是用少量低温的水慢慢焖蒸出茶，从而品尝浓缩的茶味道。

我特别喜欢茶，10 年前就开了一家日本茶馆。日本茶教会我"小却有意义"这个道理。

煎茶用的工具

1 即使是普通的茶，如果用小一点儿的茶具慢慢冲泡也会更加美味。所用道具有小茶壶、冷却碗、茶杯、水壶、茶叶、沙漏。

2 让水充分沸腾一次。再向冷却碗中倒入一人份（60 毫升）的量。单边带嘴的冷却碗更加方便易用。

3 向小茶壶中放入茶叶。两人份大约 6~7 克。只放一人份的时候可用 5 克稍多一点儿。

4 　将水冷却至 60℃~70℃。将冷却碗放在手掌上，渐渐感到温热时就表明温度刚刚好了。

7 　一分钟后打开茶壶的盖子，确认茶叶的伸展状态。如果茶叶饱含水分并膨胀，则说明该过程完成。

5 　将温度适中的水注入放好茶叶后的小茶壶中。加水时并不是一下子向茶壶中心倒水，而是慢慢地倒向茶叶的周围。

8 　盖上茶壶盖后，缓缓倾斜茶壶向茶杯中倒茶。为了让第二遍煎茶保持美味，一个秘诀就是要倒尽最后一滴茶。

一分钟计时沙漏

6 　盖上茶壶盖后放置一分钟。其间茶叶会被焖蒸，所以不要摇晃或移动茶壶。

吃一口甜点后
品味香茶

9 　泡出甜味的茶会略显黄色。因为煎茶是非常纤细的味道，所以甜味较淡的茶间甜点会更加适合。

小而美，
源于日本自古以来的文化

　　我一直都比较喜欢小巧的东西。以前通过朋友介绍见到了一位传统工艺人士，他说"小是江户的精华"，我一直想弄懂这句话的意思。于是查阅了文献，找到了许多赞成"小的就是美的"的言论。

　　"无论什么东西，都是小巧的更美。"

　　这是清少纳言的《枕草子》中关于"美物"的描述。它的意思是，跳跃的小鸟、小孩子用稚嫩的手指抓东西的动作、人偶游戏的道具、莲花小小的叶子等，都是小巧的东西，更可爱。这也让我明白，日本自古以来就有喜爱小巧物件的文化。

　　比如，现在仍被大家喜爱的豆皿（小碟子）、酒盅等，在很早以前就是日常所用的小器皿。再比如扇子。原本是在中国、韩国比较盛行的大而平的扇子，在日本演变为优美的折叠扇。还有能在个人庭院里欣赏的浓缩了雄伟自然风光的盆栽庭院、为了方便携带而填装紧凑的便当和套盒等，都是以"变小"为目的衍生出来的。然而，无论哪一个，都是在兼顾实用性和美感的同时尽量缩小尺寸，所以我觉得这是只有日本才会有的追求和审美意识。

那么，为什么会形成这样的文化呢？

或许，这与日本人手小这一身体特征有关。只有小而美丽简朴，才能更加丰富地体现出我们心底流淌着的恬静而优雅的感性。一枝花蕾插在极小的空间里，通过这种茶室的装饰也能窥见这种独特的意识。

这让我想起了《万叶集》里歌颂的最多的花不是牡丹那种大朵大朵的花，而是那种小小的比较细密的荻花。因此，我觉得小的东西不容易有违和感，而且越紧凑的东西越能引起他人的共鸣。

参考文献 李御宁《缩小志向的日本人》讲谈社 上田笃《日本人的住所》岩波书店 岸上慎二《清少纳言》吉川弘文馆 川端康成《川端康成文集第二十八卷》新潮社

选择迷你尺寸的厨房用具

　　初次看到我家厨房用具的人都会惊讶地"哇"一声——都是迷你尺寸，而且我家比较大的尺寸也比一般的要小一半。我最喜欢它们的一点就是，不需要特地选择收纳场所，而且使用起来也不费力。长度只有 10 厘米的用具拿起来触感很轻，做饭的时候可以很省力。而且，我家不仅仅用具使用了迷你尺寸，调味料也选用了迷你尺寸。这样一来，调味料可以直到最后都保持新鲜度。

❶ 茶漏斗

我把它用作味噌漏斗使用。

❷ 半合

计量米的使用量的工具。

❸ 保鲜膜

15 厘米幅度的迷你尺寸保鲜膜。适合小器皿用。

❹ 量杯、夹子

100 毫升的计量杯。夹子的尺寸也是迷你型。

❺ 饭勺

从左到右,饭勺、大勺等,每一个都在 20 厘米以下。这些都能在百元店看到。

❻ 平底锅

在合羽桥买的 15.5 厘米的铁质锅。

❼ 盐和胡椒的组合

这个组合是我在国外买回来的。而且用完了还可以自己替换里面的内容物。

❽ 酱油

这是 100 毫升装的酱油,在便利店就能买到。

❾ 橄榄油

50 克装。拌沙拉或者炒点儿小菜,这么一瓶足够了。

❿ 山椒

因为山椒容易变色,所以买 5 克装的刚刚好。

⓫ 七味

我经常买少量棒状的七味粉,然后放进罐子里。

⓬ 中等浓度的酱汁

放在便当里用的独立包装的酱汁还可以用来做两人份的菜肴。

根据空间来选择食材保存方法

　　我家冰箱的容量是 110 升的。这是一款长度大约为一米的、适合一个人生活用的冰箱。然而，我们使用的时候并没有感觉有任何不便，主要是因为我们买东西都选择马上能使用完的量。选择这款冰箱的另一个理由就是，我们的厨房比较小。只要遵循"今天吃的今天买，今天买的今天用完"的原则，那么即使是这么小容量的一个冰箱也绝对不会给我们造成困扰。

　　"尽快用完"的原则不仅要用在食材上，调味料和晒干类食品也要使用一人份或者小包装。然后用合适的保鲜袋把这些分开包装，每天用一点儿，差不多几周就可以用完了，还可以保持新鲜度。而且，ZIPIOC 保鲜袋和保鲜膜也都买迷你尺寸的。有了小冰箱和小食材，那么配套的物品也应该选用小尺寸的。如果还要想着给需要用的菜肴腾出很多空间，那么还不如只放置今天要烧的食材更让人轻松，不会徒增烦恼。因此，我们一致认为，两个成年人的生活只需要一个这种尺寸的冰箱就足够了。

晒干类食品

装在小的食品自封袋中保存。

16.5cm

小号保鲜膜最适合用在小餐具上了。

15cm

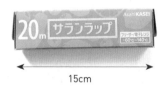

110 升的单门冰箱。
性能也很简单，使用
便利。

冰箱时刻保持"几乎为空"的状态

我家的冰箱总是一打开就很空旷。可能有些人觉得没有放很多食材进去会有所不安，但是我却不这么觉得。如果冰箱被塞得很满，对于我来说找东西也不方便，反而给我添加了不小的压力。

因此，如果冰箱时刻保持几乎为空的状态，就会给我一种物尽其用的感觉，让我很安心。在我们买好食材以后，小冰箱会瞬间被塞满，但是那也只是一时的。做饭的时候，冰箱就会马上空了。

把东西塞进冰箱的时候要注意，不要把东西放在最里面。打开冰箱门，马上就能找到的位置是最好的。不仅仅是蔬菜或者肉，味噌和鸡蛋也最好排成一排，一眼就能看到。没用完的蔬菜等就放在小容器里保存，这样就不会让眼前的排列混乱。

冰箱里的蔬菜抽屉被我用作食品储藏箱。放了一些米和茶，都是一点点买的。我很注意不要买太多，否则会放不下。

当抽屉里比较空的时候，打扫就很方便了，只需要拿着抹布大概地擦一下就行。在清理冰箱的隔板时，因为它总是很干净，所以不必在意，仔细清理即可。

❶ 蔬菜买了小包装的。

❷ 小盒的味噌。

❸ 4 个一包的鸡蛋。

❹ 培根也是半份的。

冰箱保持"几乎为空"的状态，就会给我一种物尽其用的感觉，让我很安心。

❶ 迷你包装的调味料。

❷ 把黄油和清汤包用小杯子装起来储存。

❸ 用自封包装袋包好的风干的食物类物品。

❹ 500 毫升的牛奶。

❺ 米买了一公斤的，装在保鲜袋里，放在蔬菜室中。

冷冻库是日常生活中最奢侈的储藏库

打开我家的冷冻库，我总是会露出满意的微笑。在这个地方，我会放一些能增进成年人生活乐趣的东西。

首先是水果。我会把剥皮切好的菠萝、香蕉和蓝莓等包装好放入冷冻库冷藏。为了能在招待客人时使用，我会把在进口超市买的那些很高级的糕点等也放入冷冻库冷冻。然后就是常规的一些东西了。25 度以上的高浓度酒，即使冷冻了也不会被冻住。周末休息的时候，用它配上水果、冰激凌，真的很美味。

之所以能这样做，是因为我家的冰箱没有塞入很多不必要的东西。米，会根据需要来煮，蔬菜和肉也基本上是一餐的分量，因此冰箱基本上不会被塞满。这样一来，就可以放一些比较奢侈的东西，休息的时候用来放松疲劳。

难得在家休息的时间，享用一点儿美味的食物，悠闲地度过休闲时光，真是一种别样的幸福呢。

上面的抽屉放了水果和面包

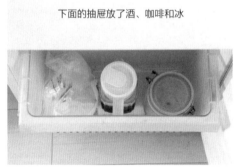
下面的抽屉放了酒、咖啡和冰

婆婆手工制作的梅酒

比商场里卖的酒浓度更
高，不会被冻住。

16cm

50ml

15cm

迷你装甜酒类

将咖啡豆冷冻，这样咖啡豆
的风味就不容易逃走。

不区分手巾和抹布，
用手巾即擦即洗

打扫工具中最常用的就是毛巾类东西了。我家备了 10 条抹布，而且我家也不区分哪块抹布是用来擦手的，哪块是用来擦桌子的——也就是说，不具体区分抹布的功能。

为什么要这样做呢？因为我们很讨厌湿的抹布就这么放置在那里。而且，即使使用好后马上洗干净放在那儿，也会有一些异味。然而，要是每次进行漂白则太麻烦了。在室内挂了这么多块抹布总感觉不卫生，就会不自觉地清洗并干燥它们。那么一来，就会落入一个积累很多脏的抹布进行清洗干燥的循环中。

因此，我储备了需要使用的抹布量。抹布不分功能，想要擦手就去小篮子里拿，用完后就清洗干燥放回小篮子，这样循环也不会有觉得不干净的困扰了。

这是一款花纹很可爱的抹布。我家抹布偏多，一般会选用蓝色系的抹布。

水槽边只放棕榈炊帚

水槽是一个大约边长 40 厘米的正方形物体。虽然有点儿狭小，但我还是能用得比较舒适，而且里面放什么只能由我来决定。我使用了一个手掌大小的棕榈炊帚，它柔软的纤维和强效的去污能力能把那些油不怎么多的餐具和锅洗干净。海绵刷总是会有一些异味和细菌产生，这让我有些介意，因此我一般会把它扭干后挂在那里自然干燥。这样，它总能保持清洁，关键时刻能起到作用。

我会把厨房用清洁剂装进有喷嘴的瓶子里，然后放置在水槽下面。在清洗一些不能放进洗碗机里清洗的东西时，用它来清洗，用完后再放回去。

我还会活用水槽垫。水槽垫一般被用来放在水槽中，防止一些餐具刮伤水槽。在我家，它还会被用作沥水的工具，因为它不大又平整，放在洗碗机的上面也不影响美观。

保持干净的水槽需要做的事

1. 把水槽垫用作沥水箱来用

INTER DESIGN 的水槽垫子。不大，很平整，圆形清洁球也能放在上面干燥。喜好的餐具也能自然地放在上面干燥。

2. 清洁剂不是挤挤的那种包装

在超市买了一款迷你喷雾瓶，把清洁剂装在里面使用。平时不用的时候可以放在水槽的抽屉里。

3. 不用颜色丰富的海绵刷

洗锅的时候我用高田耕造商店的圆形棕榈刷。还在白木屋传兵卫和山本胜之助商店买了一个小炊帚。

增加幸福感的多士炉

我超喜欢吃面包的。喜欢到 365 天每天吃面包我都觉得可以。因此，我决定买一个多士炉。用这款多士炉，面包可以内软外脆，稍微放冷一点儿味道更香。虽然厚重但是胖胖的包装很可爱，烤面包的时候还会发出"叽叽叽"的声音，瞬间让人感觉就连等待的时间都那么幸福。

这款多士炉，我曾在堀井和子写的《发现早餐的空气》一书中读到过，那时就憧憬着能拥有这么一款多士炉。书上写着用多士炉烤出来的面包风味绝佳，口感松松软软，于是我借着结婚的契机，买了这款多士炉。

其实，这件物品在当时对于我来说可以算是一件比较奢侈的东西。面包可以用带有微波功能的烤面包机烤，也可以用烧烤网烤。这件物品在现在的这个小厨房中可以算是一件非常有存在感的物品了。如果询问一下其他人是否需要，可能觉得不需要的人比较多吧。不过，对于很喜欢面包的我来说，这款多士炉带给我的乐趣是非常大的。

每个人喜好的不一样，有喜欢豪华写真集的，有喜欢古董家具的，还有喜欢亲手制作陶器的。虽然说有些东西真的很大、很占地方，但是如果它能反映出我们作为一个成年人的价值观，我认为这件东西就相当重要了。

这款两插口的多士炉自 1954 年面市以来，从来没有改变过设计。能够手动来调节烤面包温度的按钮设计也非常可爱，真的能烤出令人吃惊的美味口感。

比起宽敞的住宅，
住在喜欢的街区更重要

我们搬过很多次家，选择住所最优先考虑的是，这里是不是一个能快乐地居住的地方。便于上班这一点当然也很重要，但是也要考虑到所在的街区要能让我快乐，于是我选择了居住在市中心。因此，又要位于市中心，房租又要合适，于是只能租那种比较小的房子了。也就是说，与那些房间大的屋子相比，我们优先选择了具有土地魅力的房子。

我们现在居住的地方是一条新街和老街并存的街道，位于以神乐坂为中心的徒步圈内。从东京地图上看，刚好处在山手线的正中间。我经常被人感叹道"你们竟然住在这么市中心的地方"。这里虽然位于市中心，但也有一般性的超市、古老的蔬菜店和卖鱼的商店。物价多少还是比其他地方高了点儿，但是与每天来回的交通费和所花费的时间相比，物价真的不是什么大问题。

而且在可以步行的距离内，还有咖啡馆、画廊、书店、器具店，以及开了很多年的日式点心店。这样看来，这个街区不仅可以满足我们对知识的渴望，还可以满足我们平时休闲和娱乐的需求。对于现今越来越少有能寻求自我的街区这一状况来说，这个街区的设置真的让我们觉得弥足珍贵了。

神乐坂是一条很小的街道，走在街道上肯定会有附近认识的人和你打招呼。人们通常认为，都市中人和人的相处交流很少，但是实际上也有像这样"稍有一点儿距离感，又不是很亲近"的日本文化在里面。

过着二人世界的我，对于今后的人生中有这样一些没有隔阂的朋友们在身边，心里感到很安心。这么一路搬家过来也已经 10 年了。原来还想着搬到其他的城市去生活，但是现在觉得，能一直在这样的街区生活也很好。

La Ronde d'Argile

搜集了一些设计师的器具和生活的手工艺品商店。不仅能挑选一些陶器、漆器和木制的餐具等，空间的摆设也很美。

东京都新宿区若宫町 11 麻耶大厦 1F

広島お好み焼

くるみ

お好み焼
KONOMI
YAKI
ます
URUMI
KURUMI

JA 柏屋

上州娘トマト

小間子
西瓜

广岛的御好烧店 [Kurumi]

这是一家经营御好烧的店，也贩卖一些广岛的蔬菜。
原来经营蔬菜店的店主父亲会站在店门口，告诉你哪
些蔬菜比较美味。

东京都新宿区神乐坂 5-30 Iseya 大厦 1F

小居室更加舒适
── 老公的证言

搬到这个家以来，马上就要进入第四个年头了。我问老公："从搬进这个小家开始，你觉得有什么变化吗？"他竟然给了我这样一个回答："家里的黑暗变少了哟！"

他说的"黑暗"，是指那些看不到的部分。因为家里小，所以收纳场所变少了，我们也就不会保留那些用不到的东西，因此隐藏不了那些用不到的东西了。这么一想，就会觉得心情变得特别轻松。

老公还告诉我，不只是东西如此，使用的空间，也就是说空间上的"黑暗"也没有了。因为房间变小了，所以能知道所有的空间的结构，比如，知道什么东西放在了哪里，一共放了几个等，每个角落都很清楚，所以就很安心。

说起来，我们的共同爱好就是读书。不过，我们的兴趣不仅只是读书这么简单，还沉迷于把图书收集起来得到的满足感，这种满足感不是仅去图书馆看书就能解决的。正因为如此，我们在买书这件事上从来不会犹豫，但问题是没有收纳的场所。我们没有很大的书架，如果有些书无法放到书架上，我们就会把它们拿到二手书店去。

那么，对于喜欢的书只能在身边保留比较短的时间这件事，老公是怎么想的呢？实际上，我对这件事是有那么一点儿担忧的。然而，老公对此很乐观，他说："买书真的很开心，而且不知道为什么，我总觉得书好像比以前更多了。"如果一旦有了空间，我们就会马上买新书。可能正是因为书架一直在更新，所以才让我们觉得更有乐趣吧。

　　那么，如果一旦把这些书散了出去，以后还想再读该怎么办呢？对于我自己来说，如果遇到这种情况肯定会自责并后悔；换作我老公，则会高兴地再买一本。

　　然而，如果这本书是很稀少的珍贵书籍呢？关于这个问题，老公回答说："其实在二手书店寻找喜欢的书籍也是一件很有趣的事情，怀着能否再发现的令人欢欣的心情去寻找不是也别有趣味嘛！"他还炫耀地说："正因为之前散了出去，所以我又重复买了好几本书呢！"因此我觉得，老公对于居住在小家的适应性可能比我还强呢。

　　有只叫樱花的黑猫，是老公从单身时期就开始养的，结婚以后也一直和我们住在一起，直到两年前离我们而去了。和它分别后真的很寂寞，而且家里留有很多充满回忆的东西。樱花走后没过多久，我便在垫子的下面和沙发下发现了它的好几根毛。我把这些毛放在专用的盒子里，小心地珍藏着。每天早上，我还有放一些猫食和水的习惯。装浓咖啡用的杯子现在还放着樱花的食物。

　　虽然家变小了，但是最好别什么都放手不要。像这样保留一些有回忆性的东西和习惯，可以让人更安心自在。

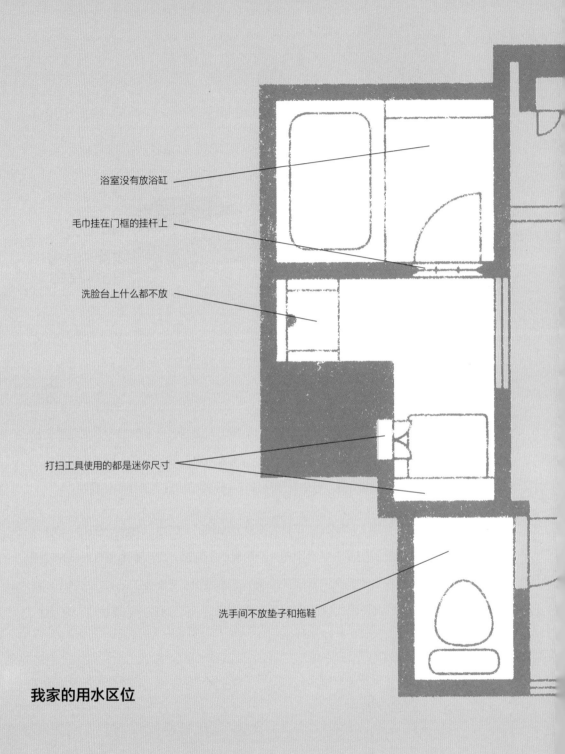

浴室没有放浴缸

毛巾挂在门框的挂杆上

洗脸台上什么都不放

打扫工具使用的都是迷你尺寸

洗手间不放垫子和拖鞋

我家的用水区位

第 **5** 章

用水的空间，一般来说面积会比较宽，因为这些位置都很容易弄脏，需要下点儿功夫才能保持干净。

轻松维持整洁的
卫浴空间

将洗脸台的四个角落空出来，
就能时刻保持整洁

　　保持纯白搪瓷的亮岑岑的亮度和不锈钢的光泽会使人感觉特别干净。我总是入魔一样地想着怎么弄亮它们，但可惜的是，打扫卫生我真的不在行。不过，我还是总能给人一种保持清洁的感觉，因为我让厨房、洗手间和床的四个角的空间都保持空旷。

　　在洗脸台和浴室里，水都是往角落流的。如果在那些角落放了东西，肥皂的泡沫或头发就很容易堵在那里。洗手间也是这样，因此需要把角落空出来。此外，灰尘和厕纸的碎屑也会在不经意间堆积在那些角落。只要把这些角落都空出来，灰尘等就不会堆积在那里，即使堆积在那边，我们也可以很容易发现并很轻易地清扫了。

　　然而，在有水的空间中，比较难对付的是白色的水垢。之所以有水垢是水中含有的矿物质成分固化所形成的。把水槽和角落空出来，不用说水垢了，就连霉菌和黏液等也不容易生长。

　　接下来，我讲一讲我家的洗脸台。我家洗脸台上没有任何东西——没有毛巾，也没有肥皂。浴室里也没有洗脸的装置和椅子，洗手间里连一双拖鞋我都没放。这样一来，污垢也不容易形成了，我只要稍微一擦拭就可以了。这也许正是因为我不擅长打扫卫生，所以才想出了这么个轻松的办法吧。

镜子和龙头都是用干抹布擦。

洗脸台的搪瓷部位和排水口用水打湿后用抹布使劲地擦，自然就会变亮。

善用毛巾挂杆

浴巾和毛巾都挂在浴室的门上。我下功夫的地方是挂毛巾的方式。这是一个既省空间又不会让毛巾容易掉的超简单 DIY 方法。

首先在门上装一个支撑杆，然后挂上圆环和 S 形挂钩就完成了。这个设计的重点是挂钩的选择。如果使用的是一般的 S 形挂钩，我们在拿下毛巾的时候，挂钩就很容易脱落。虽然我选择的也是 S 形挂钩，但是钩子的深度更深，上部几乎已经形成一个圆形环了。我把这种钩子称为管道 S 钩。这种钩子有圆圈环，可以挂在挂杆上，不会掉。

在百元店发现的圆环

konobiora 的不锈钢 S 钩

这种宽度约为 10 厘米的挂杆可以挂两人份的浴巾和两人份的毛巾，总共 4 条。我只会在用过后，为了使毛巾干燥才挂上去，而且也不会挂大型毛巾。这是应对狭小的脱衣空间而设计的。

我是在建材市场的工具卖场里发现这款 S 钩的。像这种有圆环的深钩一般会被木匠或大型事务所使用吧。哈哈，发现了一个不错的道具。

浴室的入口处设置了挂毛巾的空间。洗澡和洗脸的时候可以从洗脸台的
两侧很方便地拿取。这样就不用设置其他挂毛巾的地方了。

不要将镜柜塞满

打开我家洗脸台上的镜柜，很多人都会感到惊讶：为什么里面放的东西这么少？然而，我觉得放置这些东西足够了，因为必要的东西已经都有了呀。

在洗脸台位置使用的一般是刷牙的用具和一些洗脸护肤品。由于我在起居室化妆，因此化妆品都放在壁橱里。饰品等挂件我也是在需要用的时候才拿出来用，因此不用经常放在这里。

老公日常需要用的剃须刀、吹风机和发蜡等放在这里。指甲钳、挖耳勺等能放在手心的小物件放在洗手间内的收纳棚里。像这样留着一定的空白空间，需要的时候能马上拿出，还能缩短早上起床梳洗的时间。

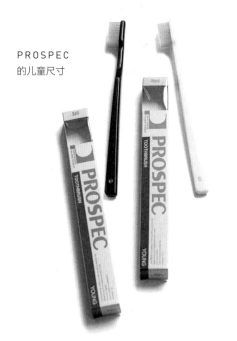

PROSPEC
的儿童尺寸

不过，我家的浴室镜柜的收纳空间其实不深也不高。之所以能收纳这些东西，还是因为我们选择使用小号物件的关系。比如，我们使用旅行用大小包装的护肤品、柄比较短供小孩用的牙刷等。特别是牙刷，我们选用了 PROSPEC 这个齿科专用的牌子。牙刷的颜色选了白色和海军蓝，刚好搭配毛巾的颜色。

吹风机

旅行装尺寸的护肤品

发蜡

牙刷　　洗手液

老公的剃须刀

照明　　　　　　　合計
1300Wまで

不放置多余物品，
可实现浴室整洁清爽

泡在浴缸里，"呼"地吹一口气，或者是看到泡澡盆就好像看到了另一个世界，泡澡的时间真的能让人从心底放松。

理想中想要打造的浴室是像酒店那样的浴室，干净又漂亮。为此，我决定不在浴室放置多余物品，也不在架子上放任何东西，能吊起来的东西尽量吊起来。比如，把打扫浴室用的刷子放在 IKEA 的篮子里吊起来，并把打扫工具、洗面奶和泡澡剂放进去。

这样一来，就不用在淋浴头边上的架子上放东西了，也不用准备装墙壁上的不锈钢夹子了。淋浴的场所因此瞬间变大了，给人一种清爽的感觉。

我们在浴室里也没有放水桶和椅子。以前也使用这些东西，但是一想到摆设这些东西会积水和产生水垢等就放弃了。一开始不习惯的时候还有点儿想用它们，现在习惯了就也没觉得有什么不方便了。

墙壁变得很空，打扫起来很方便，我也变得更勤快了。洗澡后只需要开换气扇，也不需要费力地去除霉菌了。

不在浴室放置多余物品，能吊起来的东西尽量吊起来。

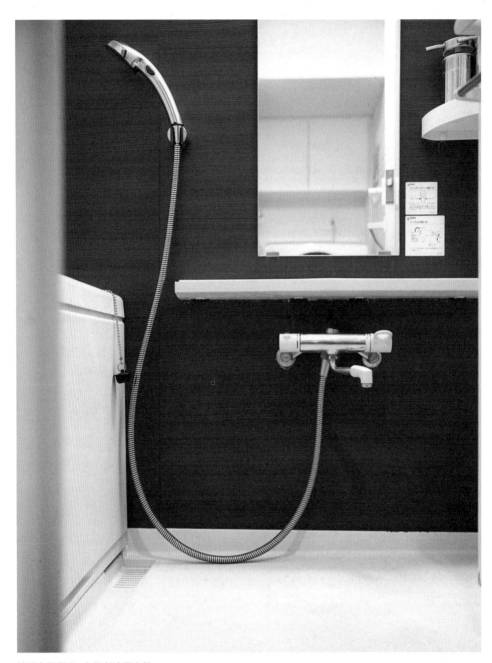

墙壁变得很空，打扫起来很方便。

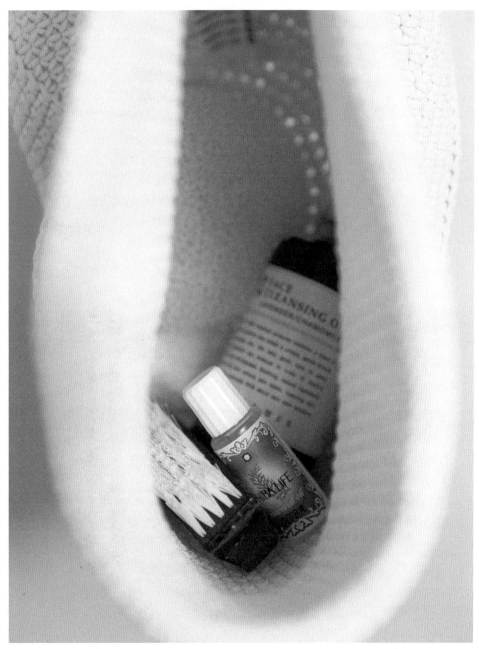

IKEA 的篮子吊起来，里面放着打扫用的刷子、海绵，以及 HIBA 工坊的 HIBA 油等。这款油其实是一款泡澡剂，抗菌效果很好。

不共用直接接触肌肤的用品

沐浴露、毛巾、牙杯等直接接触肌肤的东西，我们夫妇都是分开使用的。

这样做，我们两个人都能心情舒畅，也能很安心地使用了。

沐浴露·护发素

我用的是有香味的滋润款沐浴露，老公用的是清爽款沐浴露。这倒不是因为我俩对于洗护用品的偏好有所不同，而是因为我俩的使用量和使用频率不一样，如果分开使用就不会有所顾虑和不满了。用完了，我会买 IKEA 的 SAVERN 泡沫沐浴露替换装进行替换。

毛巾

这是每天从早到晚都要用的东西，所以我们分开使用。老公的是白色的，我的是蓝色的。自从有了属于自己的颜色，就好像有了专属物一样让人开心。我们用的是 IKEA 的 AFJARDEN 系列。

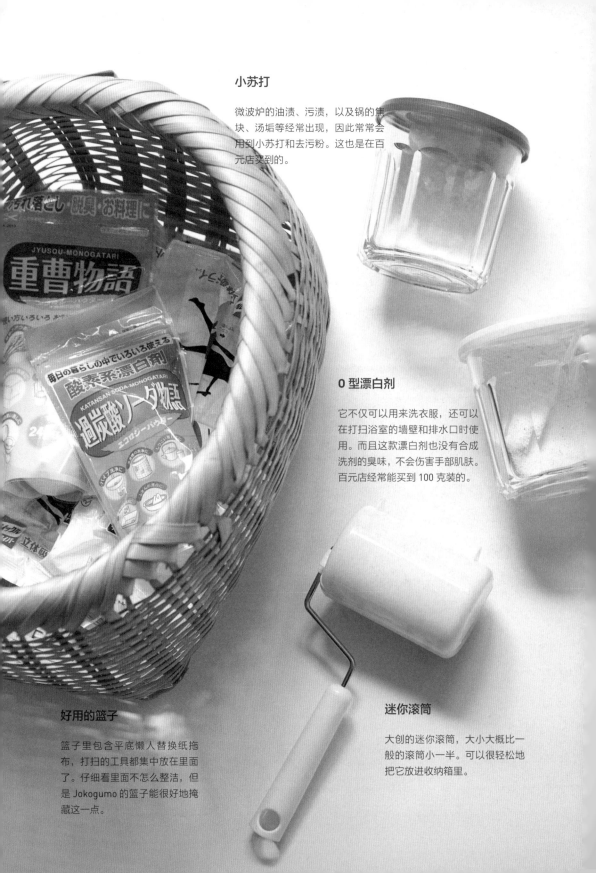

小苏打

微波炉的油渍、污渍，以及锅的焦块、汤垢等经常出现，因此常常会用到小苏打和去污粉。这也是在百元店买到的。

0 型漂白剂

它不仅可以用来洗衣服，还可以在打扫浴室的墙壁和排水口时使用。而且这款漂白剂也没有合成洗剂的臭味，不会伤害手部肌肤。百元店经常能买到 100 克装的。

好用的篮子

篮子里包含平底懒人替换纸拖布，打扫的工具都集中放在里面了。仔细看里面不怎么整洁，但是 Jokogumo 的篮子能很好地掩藏这一点。

迷你滚筒

大创的迷你滚筒，大小大概比一般的滚筒小一半。可以很轻松地把它放进收纳箱里。

选择小尺寸清洁用具

　　像玩具一样的小型清扫工具是我家的特色。小苏打和漂白剂，我们买了最小的包装。用 500 毫升的罐子刚好能装下，用完了还能替换循环使用。黏着滚筒也是紧凑型。它不仅不怎么占地方，而且因为小巧，家具、墙壁及沙发的空隙处都能粘干净。连老公觉得很有趣的平底懒人替换纸拖布，我们也找到了迷你尺寸的。比常见用具小的尺寸，能这边扫扫，那边弄弄的，很方便，真的感觉捡到宝了。

盛清洁剂的勺子

用 MUJI 的泡澡剂计量勺来盛清洁剂。长约 10 厘米，用它来将小苏打放入罐子里刚刚好。

耐磨的抹布

擦身体用的尼龙毛巾被我用来当抹布。它的质地稍微粗糙一点儿，用来擦和去除污渍的效果令人惊奇。

制定简单的家事规则和家务分工

一目了然的结构，很容易被注意到，也很容易被接受。周日打扫的分工最好不要规定得太严格。最好相信对方，不要过多干涉，可以心情愉快地共度时光。

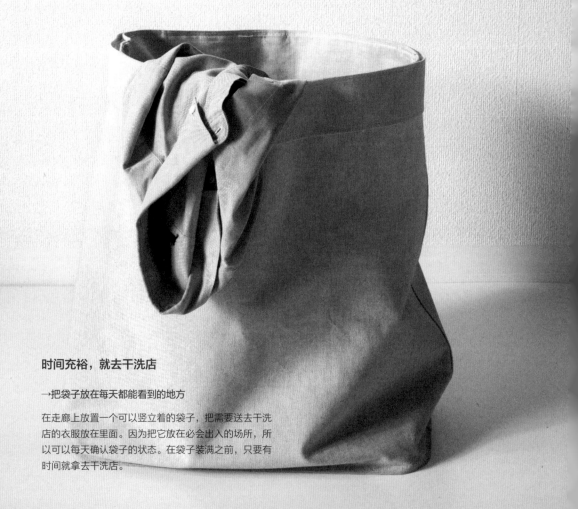

时间充裕，就去干洗店

→把袋子放在每天都能看到的地方

在走廊上放置一个可以竖立着的袋子，把需要送去干洗店的衣服放在里面。因为把它放在必会出入的场所，所以可以每天确认袋子的状态。在袋子装满之前，只要有时间就拿去干洗店。

洗衣前，分类收纳脏衣服

→要把衣服分类清洗

要洗的衣服可以直接投入洗衣机，洗完后进行干燥。不过，一定要把需精密清洗和不能进行干燥的衣服与一般衣服区分开来。请事先放入需另外清洗的包里，这样做也可以节省处理衣服的时间。

洗手间间各自打扫

→没有垫子、拖鞋，就很容易发现污渍

洗手间我们各自进行打扫，谁弄脏了谁就马上把它打扫干净。因为没有放垫子和拖鞋，因此污渍就很难隐藏，一旦发现也很容易打扫干净。因为不能穿拖鞋而要赤脚进入，所以洗手间一定要时刻保持清洁。

防晒霜

我 20 岁开始就很喜欢用的 LANCOME 的 UV 防晒霜。最新款已经有了各种颜色和其他新添功能。它也能作为打底霜使用。

唇膏

我不管用什么，嘴唇总是会脱皮，终于发现了一款适合我的。Kiehl's 的这款唇膏带在身边也很方便。

保湿油

这款 DHC 的橄榄油精华是我在药妆店买的。一次只需要用一滴，可以用蛮久的。

30ml

14ml

7ml

试试旅行装的护肤品

听起来可能会觉得有点儿夸张：迷迷糊糊醒来的早晨，我总是会觉得化妆水的瓶子真是重啊。

我现在使用的都是旅行装大小的化妆品。拿起来很轻，也不占地方。旅行装化妆水，我大概两周用一瓶。可以在它很新鲜的状态下用完。

可能有些人会觉得这个方法有点儿不实惠，但是如果你觉得使用的化妆品不太适合自己或者需要换季，就可以很快地换掉，非常方便。这样做，也不会剩下很多用了一半的瓶子。能把它用到一滴不剩，我真的非常开心。

化妆水

我使用了 MUJI 的敏感肌用清爽型化妆水，它的包装很轻，单手就能拿取。适中的价格，用起来不心疼，调整肌肤状态也很有效。

50ml

刷子类

我使用的不是眼影盘或者修容粉中自带的刷子，而是一款 mini 型的优质化妆刷——Bobbi Brown 的刷子。这是我在买一个限量套装中的一款。

10cm

5.8cm

化妆包

Marimekko 的迷你化妆包。平时都放在壁橱内，出门的时候和旅行的时候会拿出来使用。

睫毛夹

很小巧的一款睫毛夹，这是 MUJI 的一款可携带睫毛夹，而且还可以折起来。与金属质地的睫毛夹比起来，这款更轻柔。

日历上写好明天的计划

我在洗脸台上放了日历，这样每天早上刷牙的时候或者晚上泡澡的时候就可以看看。这样，有时候就会发现："哎呀，这个月快过完了呀！""下一周有三连休呢！"

这个日历也不是用来记录详细的日程，只是供我们大概地看一下的。我觉得和时间打交道用这样的方式是最好的，既没有压力，还能发现一些小小的乐趣。

我们把能记入详细日程的日历放在起居室，当两个人有事时就会写在上面。做这件事也能让我们感到快乐。也正因为如此，我们的生活过得更加平和了。随着年龄的增加，我们两个人对于生活的想法也在变化。

在休息日赖在床上伸伸懒腰，或是傍晚趁着天还没暗的时候做个菜，抑或是两个晚归的人一起坐在沙发上喝杯咖啡聊聊天，像这样的日子是多么的舒适惬意。

家对我来说，是一个放松的场所。也许你会问，太小了会不会无法静下来呢？我的答案是，不会。正因为小，所以才能静下来生活。

连续三年，我都用 Tove · Jansson 的插图日历。可以算是我家惯用的日历了。

6 june

mon	tue	wed	thu	fri	sat	sun
				1	2	3	4*
5	6	7	8	9	10	11*
12	13	14	15	16	17	18*
19	20	21	22	23	24	25*
26	27	28	29	30		

慢得刚刚好的生活与阅读